高等职业教育装备制造类专业系列教材

测量仪器检修

CELIANG YIQI JIANXIU

主编 刘宗林　副主编 丁卫兵

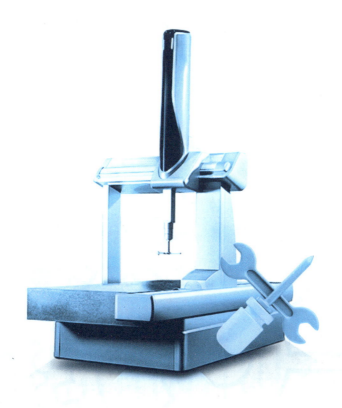

西安交通大学出版社
XI'AN JIAOTONG UNIVERSITY PRESS

图书在版编目(CIP)数据

测量仪器检修 / 刘宗林主编. —西安：西安交通大学出版社,2024.8
 ISBN 978-7-5693-2948-3

Ⅰ.①测… Ⅱ.①刘… Ⅲ.①测量仪器-检修-高等职业教育-教材 Ⅳ.①TH761.07

中国版本图书馆 CIP 数据核字(2022)第 232740 号

书　　名	测量仪器检修
主　　编	刘宗林
策划编辑	曹　昳
责任编辑	刘艺飞
责任校对	张　欣
封面设计	任加盟
出版发行	西安交通大学出版社 (西安市兴庆南路 1 号　邮政编码 710048)
网　　址	http://www.xjtupress.com
电　　话	(029)82668357　82667874(市场营销中心) (029)82668315(总编办)
传　　真	(029)82668280
印　　刷	西安五星印刷有限公司
开　　本	787 mm×1092 mm　1/16　印张 12.75　字数 291 千字
版次印次	2024 年 8 月第 1 版　2024 年 8 月第 1 次印刷
书　　号	ISBN 978-7-5693-2948-3
定　　价	47.00 元

如发现印装质量问题,请与本社市场营销中心联系。
订购热线:(029)82665248　(029)82667874
投稿热线:(029)82668804
读者信箱:phoe@qq.com

版权所有　侵权必究

前 言

党的二十大报告指出:"教育是国之大计、党之大计。培养什么人、怎样培养人、为谁培养人是教育的根本问题。育人的根本在于立德。"面对新时代党和国家对教育提出的新要求,广大教育工作者作为落实立德树人根本任务的骨干力量,必须树立正确的教育观、教师观、学生观,全面贯彻党的教育方针,坚定理想信念,坚守为党育人、为国育才的初心使命,自觉担当起引领和促进学生健康成长,培养德智体美劳全面发展的社会主义建设者和接班人的重任。

测量仪器检修是高等和中等职业教育工程测量专业的一门专业课,学习本课程的目的是帮助学生能够正确地使用和维护仪器,发挥仪器的效率,取得高质量的测量成果。教材紧密结合高职高专教育教学和测绘生产实际,充分体现出了高职高专的教育特色,教材编写过程中力求内容精练,深入浅出,加强实际,突出实用、够用的原则。

本书绪论简要介绍了测量的基础知识,第1章~第7章系统地介绍了DS3型微倾式水准仪、自动安平水准仪、数字水准仪、TDJ6型光学经纬仪、电子经纬仪、全站仪、GNSS接收机的原理、故障维修和检校方法。本书由刘宗林担任主编,丁卫兵担任副主编。具体编写分工:第1章、第2章、第3章、第5章、第6章、第8章由刘宗林(陕西交通职业技术学院)编写,第4章、第7章由丁卫兵(常州市新瑞德仪器有限公司)、刘宗林(陕西交通职业技术学院)共同编写。全书由刘宗林负责统稿、定稿工作。

本书是作者30多年教学、实践经验的总结。写作过程中得到了广州南方测绘科技股份有限公司西安分公司的马卓齐经理,苏州一光仪器有限公司的高级工程师李昌,北京博飞仪器有限责任公司的高级工程师王大为,自然资源部第一大地测量队测绘仪器计量检定站的阮林林主任等技术人员的大力支持,在此表示衷心的感谢。在本书编写过程中参阅了大量的文献资料,引用了同类书刊中的部分内容,同时得到了广州南方测绘科技股份有限公司、苏州一光仪器有限公司、北京博飞仪器有限责任公司、常州市新瑞德仪器有限公司、上海华测导航技术股份有限公司等仪器厂商的大力支持,在此表示衷心的感谢!

由于编者的水平及经验有限,书中难免存在不足之处,恳请广大读者批评指正。

编 者

2022年7月

目 录

绪论 ·· 1

   0.1 基础知识 ·· 1

   0.2 检修测量仪器时的注意事项 ·· 6

   0.3 测量仪器的保管和维护 ·· 8

第 1 章 DS3 型微倾式水准仪的修理与检校   13

   1.1 DS3 型微倾式水准仪的构造与拆卸 ··· 13

   1.2 DS3 型微倾式水准仪的修理 ··· 21

   1.3 DS3 型微倾式水准仪的检校 ··· 27

第 2 章 自动安平水准仪的修理与检校   35

   2.1 自动安平水准仪的结构与安装 ··· 35

   2.2 自动安平水准仪的调整 ··· 44

   2.3 自动安平水准仪的检校 ··· 46

第 3 章 数字水准仪的修理与检校   49

   3.1 数字水准仪的工作原理 ··· 49

   3.2 数字水准仪的结构和修理 ·· 52

   3.3 数字水准仪的检校 ··· 64

第 4 章 TDJ6 型光学经纬仪的修理与检校   71

   4.1 TDJ6 型光学经纬仪的结构 ·· 71

   4.2 TDJ6 型光学经纬仪的修理 ·· 75

   4.3 TDJ6 型光学经纬仪的检校 ·· 84

第 5 章　电子经纬仪的修理与检校 …… 93

5.1　电子经纬仪的原理 …… 93
5.2　电子经纬仪的维修 …… 97
5.3　电子经纬仪的检校 …… 120

第 6 章　全站仪的修理与检校 …… 129

6.1　天宇全站仪的结构原理 …… 129
6.2　天宇全站仪的拆卸 …… 134
6.3　天宇全站仪的故障检修 …… 152
6.4　天宇全站仪的检校 …… 159

第 7 章　全球导航卫星系统 GNSS 接收机 …… 173

7.1　华测 X900 接收机 …… 173
7.2　南方测绘 RTK 常见问题及解决方法 …… 178
7.3　GNSS 接收机的检校方法 …… 190

参考文献 …… 197

绪　论

主要内容

测量的分类;"精度"的基本概念;测量仪器检定中的常用术语;检修测量仪器的注意事项;测量仪器的保管与维护。

知识目标

(1)了解测量分类。
(2)掌握误差来源。
(3)掌握测绘仪器检定中的常用术语。
(4)了解检修测量仪器的注意事项。
(5)掌握测量仪器的保管和维护。

能力目标

(1)能分辨偶然误差和系统误差,减少疏失误差。
(2)能分清检定、检测、校准、调整的适用范围。
(3)熟悉测量仪器的日常保管和维护。

思政目标

通过本章节的学习,切身体会测量仪器在测量工作中的重要性,养成爱护仪器的好习惯,培养良好的职业道德。

0.1 基础知识

0.1.1 测绘的基本内容

用科学技术手段获取有关地球形状、大小、重力场,地面点的位置和高程,地物地貌特征、类别、形态与分布,地理名称及其他信息,经过加工处理,综合制成各种类型的成果、影像、图片和其他资料,显示地表的自然、经济、社会等要素及其相互关系,反映国家版图及土地区属的过程称为测绘。它被广泛应用于陆地、海洋和空间的各个领域,对国土规划整治、经济和国防建设、国家管理及人民生活有着重要作用,是国家建设中一项先行性、基础性工作。在各行各业中起着非常重要的作用。

0.1.2 测量分类

1. 按获得测量结果的方法分类

1）直接测量

未知参量与作为标准的量直接比较，或者用预先定度好标准的测量仪器进行测量，从而直接（而不需要通过方程式）求得未知参量的数值。

例：光学度盘的角度测量、电磁波距离测量的传播时间等。

2）间接测量

未知参量通过一定的公式（函数关系甚至可以是经验公式）与几个变量相联系，而不能直接求得。将直接测量的数值，代入公式或函数关系式进行计算，从而求得未知参量的数值。

例：水准测量的高差、电磁波距离测量的斜距等。

3）总和测量

未知量以不同的组合形式出现（或改变测量条件获得不同的组合），根据直接测量或间接测量所得数值，联立方程组，以求得未知参量的值。

例：后方交会测站点的坐标及仪器状态虚拟坐标北指针、平差计算的精度指标等。

按照测量信息获得来源也可以分为主动测量和被动测量。GPS 测量属于被动测量，测量的条件不是由观测方完全控制的。

2. 按观测量之间的关系分类

1）独立测量

观测量之间在理论上不受任何条件约束的测量（实际上不一定没有条件约束）。

例：全站仪的测角与测距。

2）条件观测

观测量之间在理论上受一定条件约束的测量。

3. 按观测量获得的条件分类

1）等精度测量

一列观测值是在相同条件下获得的。

2）不等精度观测

一列观测值是在不同条件下获得的。

4. 按测量的研究对象分类

1）天体测量

研究天体星际间的距离、时间、质量、引力、密度等。

2）量子测量

研究分子、原子、基本粒子的相互关系、质量等。

3）常规测量

研究地球的形状、大小、重力场的变化及空间质点位置的确定方法等。

常规测量又可以细分为大地测量学、地形测量学、摄影测量学、工程测量学等。

各学科之间也不是彼此独立的,而是相互影响、相互促进的,各学科还可以继续细分,测量仪器的主要应用领域是工程测量,按照工程运作的不同阶段又可以分为勘察设计、施工放样、竣工验收、工程维护阶段的变形监测等。

0.1.3 "精度"的基本概念

对测量成果的评定,一般用"精度"来衡量,而"精度"本身不是一个可以度量的量,因此一般是用它的对立面"误差"来衡量(一般指中误差或相对中误差),误差大则精度低,误差小则精度高,精度分等级时,也是用误差分布区间来区别。

"误差"是指观测序列的误差。工程测量确定空间质点高程要求的观测值是高差(间接观测值),确定平面坐标的观测值是角度和距离,这些观测值的误差不可避免地客观存在着。误差的存在造成测量成果,在一定的精度量级上,不能完全复现,但其误差的分布,又存在着一定的规律性。相同观测条件下,观测序列的误差,一般服从正态分布。

1. 误差的来源

测量误差产生的原因非常复杂、多种多样,归结成以下几个因素：

(1)对测量内在规律的认识；

(2)测量的原理和方法；

(3)观测者的操作技能水平、观测人员感觉器官(如眼睛)的分辨能力；

(4)测量仪器的完善程度；

(5)参考测量的标准(如角度测量时,使用的角度单位不同,相同的有效位数时,显示的实际角度当量精度不同)；

(6)测量数据处理模型的局限性；

(7)测量地点、测量时间、操作环境。

2. 误差的分类

误差根据其来源和分布的规律分为偶然误差(不确定度的偶然性效应)、系统误差(不确定度的系统性效应)、疏失误差(就是错误)。

1）偶然误差

在相同的观测条件下,对某量进行一系列观测,若误差的数值符号不定,表面上看没有什么规律性,而实际上是服从一定的统计学规律的,这种误差称为偶然误差。

性质:偶然误差在测量成果中处于主要地位,它不能像系统误差那样采用适当的措施加以消除或减少,偶然误差不能消除,只能减少它对测量成果的影响。

2)系统误差

在相同的观测条件下,对某量进行一系列观测,若误差的数值或符号保持不变,或按一定的规律变化,这类误差称为系统误差。

性质:系统误差就其个体而言,具有一定的规律性,因此可以用调整观测方法加以消除或降低,或按照其影响规律,用数学模型或改正数更正。

3)疏失误差

测量工作已经脱离了"一定的观测条件"的约束,出现了测量成果错误。导致测量成果出现错误的因素:读数错误、记录错误、计算错误、仪器操作错误、仪器正常工作要求的环境条件不满足、仪器性能出现问题(如自动安平系统失效)等。

测量成果含疏失误差,应舍弃不用,疏失误差应通过建立检核条件(约束条件),以及建立完善的管理制度的方法杜绝。

4)偶然误差、系统误差的关系

偶然误差、系统误差并不独自对测量成果造成影响,而是联合影响测量成果的精度,测量工作研究的主要问题是降低偶然误差对测量成果的影响,仪器制造商研究的主要问题是降低系统误差对测量成果的影响。

偶然误差和系统误差没有严格的界限,对测量成果而言的系统误差,对仪器生产商来说,就极可能是偶然误差。甚至随着测量方法、测量仪器的改进和对被测量真相的进一步认识,原来归纳为偶然误差影响的部分,被仪器设计者用一定的数学模型,以处理系统误差的方法所控制(如提高分辨率)。

3. 多余观测

由于观测结果中不可避免地存在着偶然误差的影响,因此,在实际工作中,为了提高成果的质量,以及检查观测中有无错误,必须进行多余观测,即观测值的个数应多于确定未知量所必须观测的个数。有了多余观测,势必在观测结果之间产生矛盾,在测量上称为不符值,亦称闭合差。因此,必须对这些带有偶然误差的观测成果进行处理,此项工作,在测量上就叫作测量平差。测量平差有两种方法:直接平差和间接平差。

0.1.4 测绘仪器检定中的常用术语

1. 检定

检定是指由法制计量部门(或其他法定授权组织),为确定和证实计量器具是否完全满足检定规程要求而进行的全部工作。

检定是由国家法制部门所进行的测量,在我国主要由各级计量院(所)及授权的实验室来完成。检定是我国开展量值传递最常用的方法,检定必须严格按照检定规程运作,对所检仪器给出符合性判断,即给出合格还是不合格的结论,而该结论具有法律效力。

检定是一项目的性很明确的测量工作,除依据检定规程要给出该仪器是否合格的结论外,有时还要对某些参数给出修正值,以供仪器使用者采用。例如,在对全站仪测距部分加、乘常数的检定中,除要依据检定规程给出加、乘常数数值大小供使用者修正测距结果外,还要给出检定时的环境条件和检定结果的不确定度。

检定结果具有时效性和适应性,在使用仪器的检定结果时,要注意检定结果是否在有效期内,并注意区分仪器检定时的环境条件与使用时环境条件的区别。

检定方法一般分为两种:整体检定法和分项检定法。

整体检定法:将被检仪器直接与标准器具进行比较测量。如用双频激光干涉仪直接对钢卷尺进行检定,确定钢卷尺的尺长方程式。

分项检定法:用误差分析的方法判断被检仪器的符合性。如在全站仪测距部分的检定中,要分别对仪器的周期误差,加、乘常数等项目进行检定,并判断其相应的结果是否满足检定规程的要求。

2. 检测

检测是指对给定的产品、材料、设备、生物、物理现象、工艺过程或服务,按照规定的程序确定一种或多种特性或性能的技术操作。

检测又称为测试或试验,检测人员依据相关标准对产品的质量进行检测,检测结果一般记录在称为检测报告或检测证书的文件中。

检测需要对仪器所有的性能指标进行试验,它除包含检定的所有项目外,还包括其他一些在检定中不进行检定的项目。例如,全站仪的检测中,幅相误差的测试、仪器高低温试验和振动试验等,在全站仪的检定中就不是必检项目,而在全站仪的检测中,则为必检项目。

3. 校准

校准是在规定条件下,为确定测量仪器或测量系统所指示的量值,或实物量值或参考物质所代表的量值,与对应的由标准所复现的量值之间关系的一组操作。

校准是由组织内部或委托其他组织(不一定是法定计量组织),依据可利用的公开出版规范或组织编写的程序或制造厂的技术文件,确定计量器具设备的示值误差,以判定其是否符合预期使用要求。校准合格的计量器具一般只能获得本单位的认可。

1)校准的目的

(1)确定示值误差,并确定是否在预期的允许范围之内。

(2)得出标准值偏差的报告值,可调整测量器具或对示值加以修正。

(3)给任何标尺标记赋值或确定其他特性值,给参考物质特性赋值。

(4)实现溯源性。

校准的依据是标准校准规范或校准方法,可作统一规定也可自行制订。校准的结果记录在校准证书或校准报告中,也可用校准数据或校准曲线等形式表示。

2)校准和检定的主要区别

(1)校准不具有法制性,是企业自愿的量值溯源行为。检定具有法制性,是属法制计量管理范畴的执法行为。

(2)校准主要用以确定测量器具的示值误差。检定是对测量器具的计量特性及技术要求的全面评定。

(3)校准的依据是校准规范、校准方法,可作统一规定也可自行制订。检定的依据必须是检定规程。

(4)校准不判断测量器具合格与否,但需要时,可确定测量器具的某一性能是否符合预期的要求。检定必须依据检定规程对所检测器具给出是否合格的结论。

4. 调整

调整是为了确保仪器具有正常性能,消除可能产生的偏差,是使用仪器必须要做的一种操作。仪器由于示值的失准或长期存放,长途运输、搬运或者冲击,仪器本身的不稳定,将失去其原有的正常性能;或者由于新的仪器使用前的安装等导致性能出现问题,均要求使其性能恢复和达到适于使用的状态,这种操作称为调整。例如,在全站仪的检定过程中,要调整其脚螺旋的高低,使其处于水平。又如当使用双频激光干涉仪作为检定钢卷尺的工作标准器时,应调整其反射棱镜的位置,使测量信号处于最佳状态等。有时调整以后为了防止使用中随变变更,则要加以印记。调整的方式可以是自动的、非自动的或手动的。

0.2 检修测量仪器时的注意事项

测量仪器是精密仪器,精度高、结构复杂,仪器维修人员要对检修仪器的质量负责。通过检修,应使仪器尽量恢复精度和使用性能。这就要求维修人员在思想上要重视,在工作上要认真负责,耐心细致,努力钻研维修技术,提高检修能力。为保证仪器的检修质量,必须遵守检修规程,做到文明生产,文明检修。防止和避免发生维修事故,造成不必要的损失。为此,检修人员在仪器检修过程中应注意以下事项。

0.2.1 维修准备过程

(1)向仪器使用人员或送修人员详细询问仪器的故障表现、产生的原因及仪器的使用和检修历史。

(2) 要认真检查仪器,查出仪器的实际故障,然后分析和判断故障的部位及产生的原因。

(3) 制订维修方案、方法和维修计划,在没有确定好维修方案之前不要盲目拆卸仪器。

(4) 要了解仪器的结构原理,熟悉仪器的有关技术资料和质量指标要求,以便帮助确定维修部位的维修方法。

0.2.2 维修拆卸过程

(1) 拆卸电子仪器前请先准备好螺丝刀、镊子、钳子、六角扳手、静电手腕及酒精等工具,并清洁双手做好拆卸准备。

(2) 接触电路板时请做好防静电工作,以防人体静电对电路板元器件造成不必要的损伤。

(3) 准备一只托盘或其他容器盛放卸下的螺丝及零部件,以防丢失。

(4) 将仪器平稳地安放在合适的工作台上进行拆装操作,以免造成零件丢失或损坏仪器。

(5) 拆卸仪器的部件、组件和零件时,方法要合适,拆不开时要立即停止并分析原因,找出障碍,千万不要盲目蛮干硬拆,防止损伤零部件。

(6) 要遵守"哪个部位有故障就拆修哪个部位"的原则,不要拆动与故障无关的部位。必须拆的部位要遵守分批拆卸的原则,不要一下子全部拆下来。

(7) 拆卸时要注意零件的相互位置关系,不熟悉的和精度要求高的零部件在拆下之前应画上明显的装配记号,以便排除故障后能顺利地装复到原来位置。必要时使用纸笔或相机记录下各个零件、插头等部件的位置、颜色等相关信息,以免因遗忘造成安装错误致使仪器受损。

(8) 拆下来的零部件应分别存放,防止损伤和弄混零件,光学零件应单独存放。

(9) 要正确使用拆修的常用工具,螺丝刀的刀口宽度要和螺丝头上的槽宽一致,把柄的长短要合适,使用时要使向下压力大于旋转力;各种活动专用扳手要控制好张口范围,用力大小要合适,防止零件损坏。

0.2.3 维修装复过程

(1) 零件要认真清洗,特别是光学零件和有运动配合的零件;在装配前要仔细检查零件是否已经擦干净。

(2) 尽量不要用手直接接触光学零件,尤其是透光面严禁用手摸,严禁用金属棒卷棉花擦光学零件,防止划伤表面。

(3) 轴系及其他部位润滑时要正确使用润滑油脂,最好使用仪器原来使用的油脂牌号,如有特殊要求(如低温作业)应合理改用合适的油脂。

(4) 装配零部件时要遵守"先拆卸的零部件后装,后拆卸的零部件先装"的原则,不可乱装,以防止不必要的返工。

(5)仪器在装好后,螺丝要拧紧,重要位置要适当胶牢,防止松动。

(6)维修装复结束后,整理好仪器外表,并建立修理日记,做好记录。

0.3 测量仪器的保管和维护

0.3.1 仪器的运输、储存和清洁

1. 运输

(1)野外测量中,搬站距离远的要将仪器放在仪器箱内,搬站距离近的将固定仪器的三脚架直立放在肩上保持仪器向上,并把制动螺旋略微锁住。

(2)公路运输时仪器箱之间不能太松散,否则汽车的颠簸会引起仪器的碰撞。一般在公路运输中要把仪器装在专用的运输箱中。

(3)当在飞机、火车或轮船上运输时,必须把仪器装在原包装箱或运输箱中,以防止颠簸和碰撞对仪器造成损坏。

(4)运输电池时,应该充分了解国内和国际的相关法规。办理运输前,一定要与有关运输公司协商好。

2. 储存

(1)仪器箱内应保持干燥,要防潮防水并及时更换干燥剂。仪器必须放置在专用的仪器架上或固定位置。

(2)仪器长期不用时,应每月或定期取出通风防霉并通电驱潮,以保持仪器良好的工作状态。

(3)避免在高温或低温下存放仪器,亦应避免温度骤变(使用时气温变化除外)。

(4)在仪器需要长时间储存的时候,请取出电池以免电池泄漏损坏仪器。

(5)不要将潮湿的仪器在未擦干前装箱。

(6)仪器放置要整齐,不得倒置。

3. 清洁

为了保证仪器的精度和延长其使用寿命,每次仪器使用后,都要对其进行清洁。

(1)外露光学件需要清洁时,应用脱脂棉或镜头纸轻轻擦净,切不可用其他物品擦拭。

(2)用干净的刷子刷去仪器上的灰尘并用软布擦去,不要用压缩空气来吹。

(3)用干净的刷子刷去仪器物镜上的灰尘,酒精和乙醚的混合物可用来擦拭透镜表面,用纱布沾上轻轻地擦。

(4)当擦拭塑料部分时,不要使用稀释剂和苯等易挥发性溶液,但可用中性清洁剂或水。

(5)电子水准仪的条码尺使用后要擦干净,条码尺的清洁度会影响测量的精度。用干净的刷子刷去标尺表面或连接处的灰尘,并用湿布和干布擦拭,不要使用稀释剂和苯等易挥发性溶液。

0.3.2 电池

电池是现代测量仪器最重要的部件之一,现在测量仪器所配备的电池一般为镍氢电池和锂电池,目前仪器大部分用的都是锂电池。电池的好坏、电量的多少决定了外业时间的长短。

1. 电池充电

(1)锂电池和镍氢电池在使用时,不要在电量完全耗尽后才充电。否则电池会因电量过低,造成不可逆的损坏,影响电池电量。

(2)不使用仪器时,务必将电池取出保存。

(3)不要弄湿电池。

(4)请在0~45℃的温度范围内对电池充电。

(5)不要用金属等导电体连接电池两极,不要将电池放入口袋或与其他物品混杂放置,以免造成短路,损害电池,甚至造成危险。

(6)不要敲击、针刺、踩踏、改装、日晒电池。不要将电池放置在微波高压等环境下。

(7)电池应远离高温场所,否则会缩短电池的使用寿命。

(8)长期不使用电池时,为保持电池的性能应每月充一次电。

(9)不要对刚充完电的电池进行充电,否则会降低电池的效能。

(10)使用指定充电器对电池进行充电。

2. 电池的使用

(1)在电源打开期间不要将电池取出,因为此时存储数据可能会丢失,所以应在电源关闭后再取出电池。

(2)不要连续进行充电或放电,否则会损坏电池和充电器,如有必要进行充电或放电,则应在停止充电约30分钟后再进行充电。

(3)超过规定的充电时间会缩短电池的使用寿命,应尽量避免。

(4)电池剩余容量显示级别与当前的测量模式有关,如在角度测量模式下,电池剩余容量够用,并不能够保证电池在距离测量模式下也够用,因为距离测量模式耗电高于角度测量模式,当从角度模式转换为距离模式时,由于电池容量不足,可能会中止测距。

0.3.3 仪器在使用中的注意事项

(1)开工前应检查仪器箱背带及提手是否牢固。

（2）提取仪器前，要看准仪器在箱内放置的方式和位置，装卸仪器时，必须握住提手，将仪器从仪器箱取出或装入仪器箱时，请握住仪器提手和底座，不可握住显示屏的下部。切不可拿仪器的镜筒，否则会影响内部固定部件，从而降低仪器的精度。应握住仪器的基座部分，或双手握住望远镜支架的下部。仪器用毕，先盖上物镜罩，并擦去表面的灰尘。装箱时各部位要放置妥帖，合上箱盖时应无障碍。

（3）在太阳光照射下观测仪器，应给仪器打伞，并带上遮阳罩，以免影响观测精度。在杂乱环境下测量时，仪器要有专人守护。当仪器架设在光滑的表面时，要用细绳（或脚架撑）将三脚架三个脚连起来，以防滑倒。

（4）搬站之前，应检查仪器与脚架的连接是否牢固，搬运时，应把制动螺旋略微锁住，使仪器在搬站过程中不晃动。

（5）仪器任何部分发生故障时，不要勉强使用，应立即检修，否则会加剧仪器的损坏程度。

（6）在潮湿环境中工作，作业结束后，要用软布擦干仪器表面的水分及灰尘后装箱。回到办公室后立即开箱取出仪器放于干燥处，彻底晾干后再装入箱内。

（7）冬天室内、室外温差较大时，仪器搬出室外或搬入室内，应隔一段时间后才能开箱。

（8）仪器安装至三脚架或拆卸时，要一只手先握住仪器，以防仪器跌落。

（9）长期使用后，请检查三脚架的每一部分，以及螺丝、制动部分是否松动。

总之，只有在日常的工作中，注意测量仪器的使用和维护，才能延长仪器的使用寿命，使仪器的功效发挥到最大。

本章小结

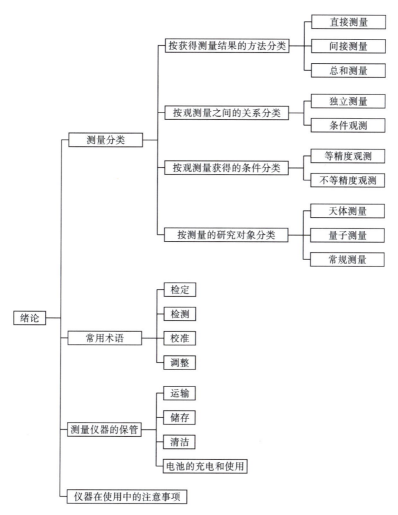

练习题

(1)误差的分类有哪些?偶然误差和系统误差的关系是什么?

_____
_____
_____

(2)什么是疏失误差?

_____
_____
_____

(3)什么是检定？校准的目的是什么？
_____
_____
_____

(4)测量仪器维修拆卸过程中的注意事项有哪些？
_____
_____
_____

(5)电池充电时的注意事项有哪些？
_____
_____
_____

(6)仪器在使用过程中的注意事项有哪些？
_____
_____
_____

第1章 DS3型微倾式水准仪的修理与检校

主要内容

DS3 型微倾式水准仪属于 S3 级,适用于国家三、四等水准测量及一般工程测量。本章主要介绍了 DS3 型微倾式水准仪各部件的拆卸、常见故障的修理、DS3 型微倾式水准仪各轴线间的关系和检校。

知识目标

(1)了解 DS3 微倾式水准仪的构造原理。

(2)掌握常见故障的维修。

(3)掌握各轴线间的相互关系。

能力目标

(1)会检查 DS3 型微倾式水准仪的好坏。

(2)能独立解决 DS3 型微倾式水准仪的常见故障。

(3)能独立完成 DS3 型微倾式水准仪的各个检校项目。

思政目标

通过对仪器的拆卸、修理和检校,培养团结协作的意识、吃苦耐劳的精神和认真严谨细致的工作态度。

1.1 DS3 型微倾式水准仪的构造与拆卸

DS3 型微倾式水准仪属于 S3 级,适用于国家三、四等水准测量及一般工程测量。它的基本参数见表 1-1。

表 1-1 水准仪的基本参数

项目		参数		
仪器型号		DS05、DSZ05	DS1、DSZ1	DS3、DSZ3
望远镜	放大率/倍	>38~42	>32~38	>20~32
	物镜有效孔径/mm	>45~55	>35~40	>30~40
	视距乘常数	100		
	视距加常数	0		
	最短视距不小于/m	2.0		
水准泡角值	符合式管状/("/2mm)	10		20
	圆气泡/('/2mm)	4		8
自动安平补偿性能	补偿范围/(')	≥8		
	补偿误差/(")	≤±0.20	≤±0.30	≤±0.50
测微器	测微范围/mm	10.5		
	分格值/mm	0.1、0.05		
1 km往返水准测量标准偏差/mm		0.2~0.5	1.0	1.5~4.0
仪器净重不大于/kg		6.5	6.0	3.0
主要用途		国家一等水准测量及地震水准测量	国家二等水准测量及其他精密水准测量	国家三、四等水准测量及一般工程测量

1.1.1 仪器的构造

图 1-1 为 DS3 型水准仪的外貌。该水准仪由以下三大部分所组成。

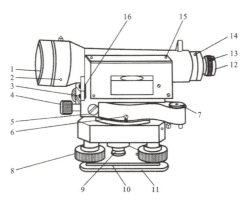

1—物镜；2—物镜座止头螺丝；3—簧片压板固定螺丝；4—制动螺旋；5—微动螺旋弹簧座；6—紧固螺丝；
7—圆水准器；8—脚螺旋；9—紧固螺母；10—三角压板；11—三角底板；12—目镜调焦度环；
13—目镜调焦度环止头螺丝；14—目镜座止头螺丝；15—护罩固定螺丝；16—连接簧片

图 1-1 DS3 型水准仪

(1) 基座部分:三角板、脚螺旋、竖轴套、制动环和制动螺旋等。
(2) 竖轴与托板部分:竖轴微动螺旋、圆水准器、托板和微倾机构等。
(3) 望远镜与水准器部分:望远镜、长水准器和符合棱镜系统等。

DS3 型水准仪总体结构见图 1-2。

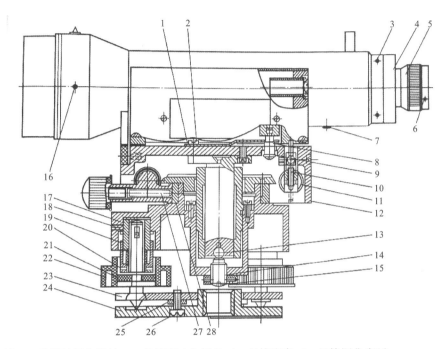

1—弹簧板;2—弹簧板固定螺丝;3—目镜座止头螺丝;4—目镜座套;5—目镜调焦度环;
6—目镜调焦度环止头螺丝;7—调焦镜限程螺丝;8—弹簧板控制螺丝;9—俯仰板转轴螺丝;
10—顶针调节螺丝;11—紧固螺母;12—托板;13—滚珠;14—竖轴调节螺丝;15—调节螺丝紧固螺母;
16—物镜座止头螺丝;17—脚螺旋座;18—脚螺旋座止头螺丝;19—松紧调节罩;20—调节孔;
21—脚螺旋螺杆固连螺丝;22—脚螺旋手轮;23—三角弹性压板;24—三角底板;25—螺母;
26—固连螺丝;27—顶杆;28—制动块。

图 1-2 DS3 型水准仪结构

1.1.2 仪器的拆卸

拆卸时,可以先把仪器拆成三大部分,即基座部分、竖轴与托板部分、望远镜与水准器部分。

先用大改锥旋下微动螺旋弹簧座,旋松竖轴与轴套紧固螺丝,此时即可将望远镜连同竖轴一并徐徐拔出,竖轴即可进行清洗或修理。

旋下连接簧片压板的四个固定螺丝,取下压板和簧片。再旋下弹簧板的控制螺丝,望远镜与托板部分分离。

1. 基座部分(图1-3)的拆卸

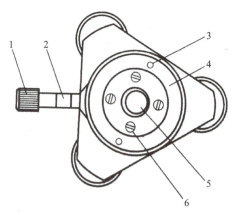

1—制动螺旋；
2—制动环；
3—拆卸孔；
4—制动环压圈；
5—竖轴套；
6—竖轴套固定螺丝。

图1-3 基座部分

1) 制动环的拆卸

用两脚扳手插入对径两拆卸孔内，旋下制动环压圈，制动环即可取下。若竖轴复装后旋转不灵活，可用校正针插入竖轴下端的调节螺丝紧固螺母，将其旋松，然后调节螺丝，直至竖轴旋转自如，最后用校正针旋紧固紧螺母。

2) 脚螺旋的拆卸

用校正针插入松紧调节罩的调节孔内，旋下松紧调节罩，此时三脚螺旋可从基座中同时拔出。拔出的脚螺旋结构如图1-4所示。用改锥顺时针旋出反牙防脱螺丝，即可旋下鼓形螺母，并取下松紧调节罩。整个脚螺旋部件可进行清洁或修理。螺旋座一般不拆。必须拆时，需先旋下止头螺丝，然后将基座倒放在桌上，用专用扳手插在脚螺旋的拆卸槽口内，即可旋下脚螺旋座。

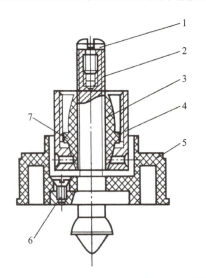

1—反牙防脱螺丝；
2—螺杆；
3—鼓形螺母；
4—松紧调节罩；
5—脚螺旋手轮；
6—脚螺旋螺杆固连螺丝；
7—凸块。

图1-4 脚螺旋

脚螺旋杆用三个螺丝与脚螺旋手轮固连在一起，清洁时不要将两者分离，以免螺丝没旋紧而引起晃动。若需两者分离，旋下三个螺丝即可，但复装时一定要将螺丝旋紧。此外，安装脚螺旋时，要将鼓形螺母侧面的凸块插入脚螺旋座的槽口内。

2. 竖轴与托板部分的拆卸

已拆下的竖轴、托板与望远镜部分的结构如图 1-5 所示。竖轴是用 3 个螺丝固定在托板上的，一般不拆下。

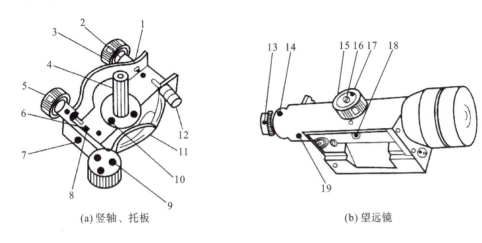

(a) 竖轴、托板　　　　　　　　(b) 望远镜

1—微动螺旋止头螺丝；2—松紧调节罩；3—微动手轮；4—竖轴；5—微倾手轮；6—微倾俯仰板；
7—俯仰板转轴螺丝；8—调节螺丝孔；9—圆水准器校正螺丝；10—竖轴固定螺丝；11—托板；
12—微动弹簧座；13—目镜调焦度环止头螺丝；14—目镜组固定座止头螺丝；15—望远镜调焦手轮；
16—固定螺丝；17—螺丝拆卸孔；18—弹簧套固定螺丝；19—调焦手轮限程螺丝。

图 1-5　竖轴、托板与望远镜部分

1) 微动螺旋的拆卸

先旋下止头螺丝，整个微动螺旋可以从托板上旋下。用校正针插入松紧调节罩的调节孔内，旋下调节罩，则微动螺旋即可从微动套中抽出，其结构如图 1-6 所示。用专用工具插入反牙防脱螺丝环的槽口内，顺时针方向将其旋下，然后将鼓形螺母旋下，可取下松紧调节罩。用常规方法清洁这些零件，然后涂油复装。复装时要使鼓形螺母上的一条宽槽对准定位螺丝的螺孔处，再将定位螺丝旋紧。

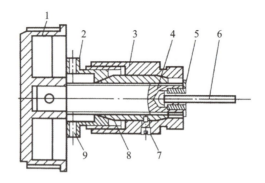

1—微动螺旋手轮;2—松紧调节罩;3—罩微动套;4—螺杆;5—反牙防脱螺丝环;
6—顶杆;7—鼓形螺母定位螺丝;8—鼓形螺母;9—调节孔。

图 1-6　微动螺旋结构

2)微倾螺旋的拆卸

微倾螺旋的结构与微动螺旋相同,其拆卸及复装方法相同。

3.望远镜与水准器部分的拆卸

1)目镜部分的拆卸

旋下目镜座的三个止头螺丝,拔出整个目镜座,其结构如图 1-7 所示。旋下十字丝分划板座压圈,取下十字丝分划板座。旋下目镜调焦度环的 3 个止头螺丝,取下目镜调焦度环(不取下目镜调焦度环也可以,不影响下一步拆卸)。目镜筒可直接从目镜座上旋下来,再从目镜筒中旋出压圈,则目镜片和垫圈均可倒出。在一般情况下进行清洁时,不必将目镜片倒出,也不必将压圈旋下。

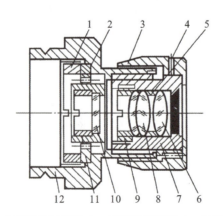

1—十字丝分划板座压圈;2—十字丝分划板座;3—目镜调焦度环;4—目镜调焦度环止头螺丝;5—基圈;
6,8—目镜片;7—目镜筒;9—压圈;10—十字丝分划板;11—十字丝分划板压圈;12—目镜座。

图 1-7　目镜座结构

2)物镜部分的拆卸

DS3型水准仪的物镜,一般是三片分离式,而图1-8为两片分离式的物镜座结构。旋下物镜座止头螺丝,一并取下物镜座和视距乘常数调节圈,即可对物镜内外表面进行清洁。用专用工具插在物镜片压圈的拆卸槽口内,旋下压圈,物镜片及垫圈均可倒出。

由图1-8可看出,物镜组是由两片透镜组成的,两者之间的相互平行度及间隙要求比较严格,同时要求镜片要共光轴,故无特殊需要,一般不要将物镜片拆下来,以免影响成像质量。需要拆下时,一定要用笔做好记号,以便尽量按照原样复装,然后进行望远镜像质及分辨率的测定。复装时还应注意:

(1)垫圈是一铜圈,其一端是平面,另一端是有点斜度的斜面,复装时切勿装反。

(2)为了保证两镜片相互平行,复装镜片时,可先将镜片叠好(顺序为镜片、垫圈、镜片),放在一个圆柱形座上,再垂直地慢慢将物镜座套上,最后旋紧压圈。

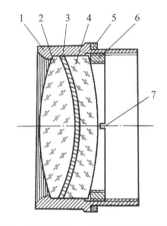

1—物镜座;2,4—物镜片;3—垫圈;5—视距乘常数调节圈;
6—物镜片压圈;7—拆卸槽口。

图1-8 物镜座结构

3)调焦镜组的拆卸

旋下望远镜调焦手轮中间的固定螺丝,取下手轮(图1-9)。旋下调焦手轮轴座的三个固定螺丝(不取下手轮也可以),轴座的三个固定螺丝可通过螺丝拆卸孔逐个旋下,然后将轴座连同齿轮一并取下。此时调焦镜筒可从物镜或目镜任一端抽出来,若从物镜端抽出,需先取下物镜座,再旋下弹簧套固定螺丝,即可抽出调焦镜筒;若从目镜端抽出,则先取下目镜组固定座,再旋下调焦镜限程螺丝,也可抽出调焦镜筒,调焦镜座结构如图1-10所示。用专用工具插在压圈的槽口内旋下压圈,可取出调焦镜片(也可不卸)。安装调焦镜筒时,先使齿条靠住弹簧套(此时弹簧套固定螺丝不要旋得太紧),再装上螺旋轴座及齿轮,使齿轮与齿条啮合好,然后旋紧弹簧套固定螺丝。物镜片、目镜片、十字丝分划板、调焦镜片一般不需拆下来,以免安装时碰损。

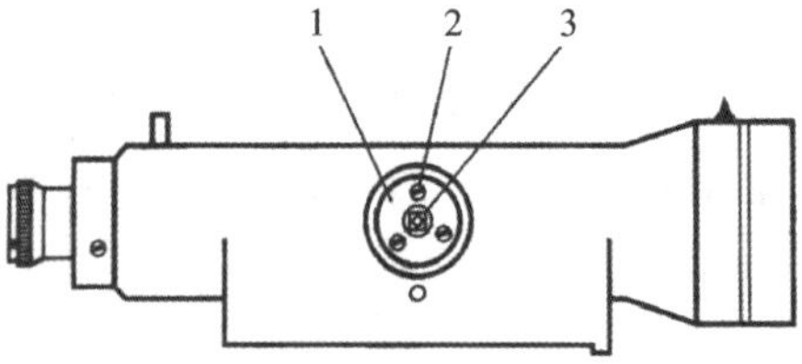

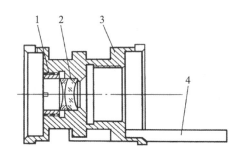

1—调焦手轮轴座;2—轴座固定螺丝;3—固定螺丝。

图1-9　望远镜调焦手轮

1—压圈;2—调焦镜片;3—调焦滑筒;4—齿条。

图1-10　调焦镜座结构

4)符合水准器部分的拆卸

旋下水准器护罩上的四个固定螺丝,取下护罩,即可见符合水准器内部结构,如图1-11所示。旋下符合棱镜组座的两个固定螺丝,则整个棱镜组座可从仪器上取下。

旋下符合棱镜座和直角棱镜座后,一般不必再将棱镜拆开,以免将棱镜碰坏,同时这部分调整也比较麻烦。需要清洁时,可用吹风球吹去浮尘,或用棉签蘸点清洗液擦拭其外表面。需注意:

(1)直角棱镜不要装反,否则气泡影像无法进入视场。

(2)在调整气泡影像之前,需先将气泡的影像调入目镜视场,然后再进行气泡符合影像的调整工作。

长水准器一般不宜拆卸下来,以免拆卸时损坏。当长水准器变形、漏气、碰坏时,需用相同精度和相同尺寸的水准器更换。先用校正针将水准器靠目镜端的4个校正螺丝旋松,再用两脚扳手旋下另一端球形固连螺丝,即可将水准器连同管架一并取下。

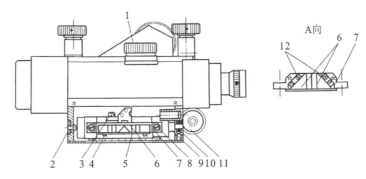

1—望远镜调焦手轮；2—球形螺丝轴固连螺丝；3—直角棱镜座固定螺丝；4—符合棱镜压板固定螺丝；5—棱镜压板；6—符合棱镜；7—棱镜架座；8—棱镜架座固定螺丝；9—水准管座；10—水准管校正螺丝；11—圆水准器；12—符合棱镜压片固定螺丝。

图 1-11 符合水准器内部结构

1.2 DS3 型微倾式水准仪的修理

微倾式水准仪的构造都大体相同，由竖轴部分、制动部分、微动螺旋部分、微倾螺旋部分、脚螺旋部分、调焦螺旋部分、望远镜光学部分和符合水准器部分组成。

1.2.1 竖轴部分

仪器照准部的转动应该轻松自如、平滑均匀，没有紧涩、卡死或松紧不一、晃动等现象。照准部旋转时出现的问题，多是由竖轴部分的故障所引起的。下面介绍常见故障及排除方法。

1. 照准部转动出现紧涩或卡死现象

(1) 竖轴与轴套内缺油、用油不当或脏污引起的竖轴旋转紧涩：将竖轴拔出，用汽油（如溶剂汽油、航空汽油等）清洁干净，加上特 5 号精密仪表油或其他轴系专用油即可。

(2) 竖轴与轴套的接触面有锈斑引起的竖轴旋转紧涩或卡死：将竖轴拔出，用扁形竹签蘸煤油刮除，然后用棉签把锈末清洁干净，再用银光砂纸或研磨膏，在锈斑部位轻轻抛光，最后再用汽油将竖轴、轴套完全清洁干净。

(3) 制动环缺油或脏污引起照准部旋转紧涩：将制动环拆下来清洁干净，加油后复装即可。

(4) 竖轴位置的高低不合适，引起竖轴旋转紧涩：国产 DS3 型水准仪的竖轴下端，用能调节的滚珠支撑，因此提高了竖轴旋转的灵活性。当发现竖轴转动稍有紧涩时，可以通过竖轴轴套底部的调节螺丝调整竖轴位置的高低来解决。

(5) 微动螺旋的弹簧套筒卡在制动环里，引起竖轴转不动：取出弹簧套筒，重新装好即可。

(6) 竖轴或轴套变形，引起竖轴旋转紧涩或卡死：当变形量很小时，可以用研磨竖轴（或轴套）的方法进行修复。先用铸铁制成研磨套（用于研磨竖轴）或研磨芯棒（用于研磨轴套）。研磨时,用干净的油将氧化铬调成糊状涂在竖轴(或芯棒)上,用研磨套与竖轴对磨(或用轴套与芯棒对磨)。在研磨过程中要经常试装,避免因间隙太大而引起竖轴晃动。研磨好后,要将竖轴(或轴套)刷洗干净,然后加油复装。轴与轴套的研磨,是较为复杂的一道工序,条件不具备的,必须送仪器工厂进行修理。

2. 照准部转动时出现晃动现象

(1)竖轴与轴套因磨损导致间隙加大,从而引起竖轴晃动,处理这种现象时,只能将竖轴拔出,进行清洁后,再换上黏度较大的精密仪表油。

(2)竖轴与托架的连接螺丝松动,或轴套与基座的连接螺丝松动,引起竖轴旋转时出现晃动,将竖轴拔出,旋紧有关连接螺丝即可恢复正常。

1.2.2 制动螺旋部分

制动螺旋失效是水准仪常见的故障之一,其排除和处理也比较容易。

(1)制动螺旋的顶杆长度不够或制动块丢失,使制动螺旋失效:重配顶杆或制动块。

(2)制动螺旋与螺母之间产生滑丝,引起制动失效:重配制动螺旋。

1.2.3 微动螺旋部分

1. 微动螺旋失效

(1) 微动螺旋的顶针或弹簧套的尖头,没顶在微动杆的圆窝内,引起微动螺旋失效:将微动螺旋和弹簧套拆下来重新安装,使顶针和弹簧套尖头对准微动杆上的圆窝。

(2) 微动螺旋的鼓形螺母没固定住,随微动螺杆一起转动引起微动螺旋失效:将整个微动螺旋拆下重新安装。如图1-6所示的微动螺旋结构,复装时,要使鼓形螺母上的一条宽槽对准定位螺丝的螺孔处,再将定位螺丝旋紧。有的微动螺旋结构,是通过将螺母侧面的凸块插入微动套槽内,固定鼓形螺母的。这种结构一旦凸块折断,修理起来比较困难,只能更换新的微动的螺旋。

(3)竖轴转动过紧或卡死引起微动螺旋失效:从排除竖轴方面的故障着手。

(4)微动弹簧使用过久后弹性不足,导致微动螺旋失效:更换新弹簧。

2. 微动螺旋转动时过紧或卡死

(1)微动螺旋的螺杆与螺母缺油、脏污或进入颗粒等:卸下螺杆、螺母,用汽油刷洗干净,涂油复装。

(2)松紧调节罩位置不合适:用校正针调至适当的位置。

(3)竖轴转动过紧或卡死,影响微动螺旋顶杆的推进,造成微动螺旋转动时紧涩:排除竖轴故障,即可解决。

(4)螺杆或螺母变形、螺纹碰伤等:卸下螺杆、螺母,用干净的油调氧化铬涂于螺杆、螺母上进行对磨,磨至符合要求为止。

3. 微动螺旋转动过松或晃动

该故障产生的原因多半是螺纹磨损较大,或者松紧调节罩没调好,可以将微动螺旋拆下来清洁干净,加上较稠的油脂,并将松紧调节罩调好,即可消除一般故障。

1.2.4 微倾螺旋部分

水准仪上的微倾螺旋,大都与微动螺旋的结构相同,因而其故障的排除方法也相同。只是多了微倾弹簧板、微倾俯仰板、微倾顶针等,这部分常见的故障有微倾弹簧板固定螺丝松动,微倾俯仰板转轴螺丝被扭断,微倾顶针针尖磨损及其他连接部分松动所引起的微倾机构不正常,甚至失效。当转动微倾螺旋,望远镜有跳动现象或弹簧板有"叭叭"声时,多半是顶针的针尖磨秃或顶针调节螺丝及微倾弹簧板上的圆窝磨平了,可视故障产生的部位和程度进行修整(如将顶针的针头磨尖,或将圆窝再钻深一点等)。此外,微倾螺旋因微倾范围不合适而失效时,可以用俯仰板上的顶针调节螺丝调整顶针的高低,使符合水准器气泡符合。

1.2.5 脚螺旋部分

1. 脚螺旋旋转时过紧或卡死

该故障产生的原因一般是脚螺旋的螺杆与螺母缺油、过于脏污或进入颗粒,松紧调节罩位置不当,螺杆或螺母变形,以及螺纹碰伤等。故障的排除与处理方法与微动螺旋部分相同。此外,有些仪器的弹性三角板与底板之间间隔过小,也会使脚螺旋转动过紧,只要适当调整其间隔螺丝即可解决。

2. 脚螺旋旋转时过松或晃动

该故障产生的原因一般是螺母与螺杆之间的磨损较大,或者是松紧调节罩没调好。可以将脚螺旋拆下来清洗干净,加上较稠的油脂,并将松紧调节罩位置调整合适,即可消除一般故障。若松紧调节罩已旋到极限位置还不能消除脚螺旋晃动现象,可将松紧调节罩取下,用锉刀将调节罩锉短或在砂纸上磨短。这样,调节罩还能继续旋进,直到脚螺旋无晃动现象时为止。

3. 脚螺旋旋转时,忽松忽紧、松紧不一

该故障产生的原因一般是脚螺旋受到碰撞使螺杆变弯。可将螺杆拆下,放在木板上用木棒从反方向敲打,直至将螺杆校直为止。但要注意不要敲坏螺纹。

4. 脚螺旋旋转时不起升降作用

该故障产生的原因是螺母与螺杆一起转动,即脚螺旋的鼓形螺母没固定住。将松紧调节罩

旋下,使脚螺旋座上的凸块插在鼓形螺母侧面的槽口内,再旋紧调节罩即可。若是凸块已折断,就无法固定螺母,需要更换新的脚螺旋。

1.2.6 调焦螺旋部分

1. 调焦螺旋转动时过紧或有响声

该故障产生的原因是调焦螺旋缺油,或调焦齿轮、齿条沾有灰尘、油垢或啮合太紧。只要将调焦螺旋拆下来清洗干净,在摩擦和转动部分涂上适当的油脂即可。复装时,注意不要使齿轮和齿条啮合过紧或过松,安装时应使限程销钉紧贴在调焦滑筒滑槽的上边缘,使齿轮与齿条啮合适当,再旋紧三个止头螺丝。

2. 调焦螺旋转动时过松或有晃动现象

该故障产生的原因是调焦齿轮与齿条之间的磨损较大或啮合太松。可以将调焦螺旋拆下来,用汽油将齿轮齿条清洗干净,涂上浓度较大的油脂。复装时,注意不要使齿轮和齿条啮合过松,一般即可消除或减轻调焦螺旋转动时的晃动现象。如仍不能消除,则有可能是因为调焦镜筒在望远镜筒内运行太松或有晃动。

3. 调焦镜筒在望远镜筒内运行过松或过紧

该故障产生的原因是调焦镜筒磨损较大或变形等。可把调焦镜筒拔出,调整调焦镜筒上的弹性凸块或弹性板条。如运行过松时,可将弹性凸块(或板条)适当胀开些;运行过紧时,可将它向里压实些。

4. 调焦螺旋转动时不起调焦作用

该故障产生的原因是调焦齿轮与齿条没啮合好。可以将调焦螺旋拆下来重新安装,使齿轮与齿条啮合好。调焦螺旋座上的限程销钉要放置妥当,放好后,三个止头螺丝必须旋紧。

1.2.7 望远镜光学部分

望远镜由物镜、调焦镜、十字丝分划板和目镜四部分组成。这四部分中,只要有一个光学零件脏污、长霉、起雾、脱胶、错位或破裂,都会影响望远镜的成像质量。所以既要找出原因,判断问题在哪一部位,又要对每一个光学零件进行仔细检查,以便处理。

1. 望远镜的光学零件沾有脏污、油迹或长霉、起雾

首先要判断产生脏污的部位,先从外表观察物镜是否有脏污、霉斑或脱胶。物镜的孔径较大,又处在最外面,一般比较容易检查。将望远镜瞄向亮处,用眼睛从物镜端观察,看看调焦透镜是否有脏污等,可以转动调焦螺旋配合观察。从目镜端向里观察,可将望远镜瞄向亮处,并调节目镜使十字丝像清晰,然后旋转目镜调节螺旋,观察脏点变化情况,若脏点随之转动,则脏污

在目镜上,否则在十字丝分划板上。继续转动目镜使十字丝像清晰,观察脏点的清晰度是否与十字丝像相同。如果适度调节能使脏点清晰,则说明脏点在十字丝分划板分划线的另一面上,否则在同一面上。

<u>2. 望远镜上的透镜装反、错位、碎裂或间距不对</u>

首先需要搞清楚望远镜成像不清晰的现象是由拆卸复装引起的,还是卸之前就有的。如果是因拆卸复装不当引起的,就要逐个检查所有光学零件,并要边装边观察,直至望远镜成像清晰,如果望远镜未经拆卸就存在着成像不清晰的现象,则要从上一条所述的原因去分析。

<u>3. 望远镜视距乘常数不等于 100</u>

检验时,将仪器置于距离标尺 100 m 之处,望远镜上下视距丝在标尺上所截取的间距应等于 100 cm,否则需要校正。若所读间距数值小于 100 cm,则说明物镜离十字丝分划板的距离大了,需要缩短。方法是先取下物镜筒,再取出视距乘常数调节圈,放在铺平的细砂纸上适当磨薄,要边磨边测试,一般的修磨量都是很小的。若所读的间距值大于 100 cm,就需将调节圈加厚。加厚调节圈要比磨薄麻烦,在工厂大都采取调换调节圈的方法,用厚一些的调节圈逐步磨薄。但一般维修者不具备这个条件,只能用薄铜片做成同样大小的圆圈,套在物镜筒座上,使数值等于 100 或使其误差在允许范围内。

1.2.8 符合水准器部分

1. 符合水准器气泡影像要求

(1)长水准器两端的分划线应重合成一条直线(没有刻分划线的长水准器,则无此要求)。

(2)左右气泡影像的宽度应相等,其气泡两头的符合影像基本为圆弧形。

(3)左右气泡的分界线要细而清晰,影像要明晰而不能有暗影。

2. 符合气泡影像的异常现象

符合气泡影像常见的异常现象包括分划线错开、气泡太细、气泡太粗、半边细半边粗、分界线错开、气泡歪斜,如图 1-12 所示。

 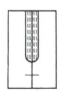 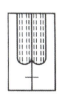  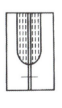 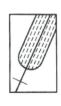

(a) 分划线错开　(b) 气泡太细　(c) 气泡太粗　(d) 半边细半边粗　(e) 分界线错开　(f) 气泡歪斜

图 1-12　符合气泡影像常见的异常现象

1) 长水准器分划线影像错开

其产生的原因是两符合棱镜组在水准管纵向方向上的位置不正确。即在图 1-13 中,两符合棱镜的相接棱 AB 没有位于水准管两分划线的正上方。调整方法:将整个符合棱镜组在水准管轴线 mn 方向上移动,直到两分划线影像对成一条重合直线为止。

2) 符合气泡影像太细

其产生的原因是符合棱镜组的棱面 $DCC'D'$ 在水准管横向方向上的位置不正确,即此平面未通过水准管轴线。由图 1-13 可以看出,气泡太细是因为棱面 $DCC'D'$ 过于偏向轴线 mn 的外侧(靠左侧)。调整方法:将整个符合棱镜组在垂直于轴线 mn 的方向上向里(靠右侧)移动,直至气泡影像粗细适中,气泡两头呈现圆滑的弧形。

3) 符合气泡影像太粗

其产生的原因与符合气泡影像太细相同,只是符合棱镜棱面 $DCC'D'$ 的偏向位置与上条刚好相反。因此,在调整时,整个符合棱镜的移动方向也相反。

4) 符合气泡影像半边细半边粗

其产生的原因:

①符合棱镜的棱面 $DCC'D'$ 不通过水准管轴线 mn,而是与轴线 mn 相交。此时气泡的影像不但半边细半边粗,而且还会带有不同程度的歪斜。调整方法:水平方向旋转整个符合棱镜组,直至气泡影像左右相同、宽度合适。

②两符合棱镜的棱面 $ABCD$ 与 $ABC'D'$ 不在同一平面内,前后错开或成一交角。调整方法:移动或旋转其中一块(或两块)符合棱镜,使两棱面 $ABCD$ 与 $ABC'D'$ 处在同一平面内,并使气泡影像左右宽度合适。

5) 符合气泡影像分界线错开

①两符合棱镜的相接棱 AB 存在缝隙。调整方法:移动符合棱镜 1 和 2(图 1-13),使相接棱 AB 对齐,成为一条细线。

②两符合棱镜的棱面 $ABCD$ 与 $ABC'D'$ 不在同一平面内。调整方法:使其在同一平面内。

③两符合棱镜的相接棱有缺陷或破损,此时一般不易修理,严重时应更换符合棱镜。

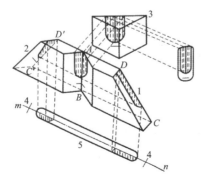

1,2—符合棱镜;
3—直角棱镜;
4—水准管分划线;
5—气泡。

图 1-13 符合水准器

6)符合气泡影像歪斜

其产生的原因是直角棱镜的直角棱不平行于两符合棱镜的相接棱 AB。调整方法:摆正直角棱镜的位置,使直角棱平行于相接棱 AB。这需要通过观察气泡影像位置是否端正来确定。

1.3　DS3 型微倾式水准仪的检校

仪器各轴线间的关系在仪器出厂前已经过严格检校,但是由于仪器在长时间使用或运输中受到震动、碰撞等原因,可能某些部件松动,影响到仪器轴线的变化,从而使轴线不能满足应用条件,直接影响测量成果的质量。因此,在进行水准测量工作之前,应对仪器进行检验校正。

1.3.1　仪器的检视

在检验、检修仪器之前,应对仪器的各个部件进行全面检查,这项工作称为检视。检视的目的是初步判断仪器是否发生故障并找出故障发生的部位,然后对故障发生的原因作出正确的判断,以便修复。对普通测量仪器通常做以下几项检视:

(1)各部件是否有缺损。如水准器有无裂纹,玻璃零件有无破裂或伤痕,螺杆是否有变形和滑丝等现象,螺丝顶是否有缺损等。

(2)各轴转动是否灵活,有无过紧、晃动或转动不均匀的现象。

(3)望远镜成像是否清晰,透镜有无脱胶现象等。

(4)各螺旋(包括制动螺旋、微动螺旋、微倾螺旋、脚螺旋和调焦螺旋等)转动是否有效、灵活,转动范围是否适中,各螺旋转动时有无晃动、跳动和响声等现象。

(5)金属零件、部件有无生锈、缺油现象,光学零件有无长霉、生雾、水珠和沾灰等现象。

(6)符合气泡成像是否清晰和正常。

1.3.2　水准仪几何关系的检验与校正

1. 水准仪的主要轴线及应满足的几何条件

水准仪是进行高程测量的主要工具。水准仪的功能是提供一条水平的视线,而水平视线是依据水准管轴呈水平位置来实现的。水准仪有 4 条主要轴线,即望远镜的视准轴 CC、长水准管轴 LL、圆水准器轴 $L'L'$ 和仪器竖轴 VV。轴线关系如图 1-14 所示。一台合格的水准仪必须满足以下几个条件:

(1)圆水准器轴 $L'L'$ 应平行于仪器竖轴 VV;

(2)十字丝横丝应垂直于仪器竖轴 VV;

(3)长水准管轴 LL 应平行于视准轴 CC。

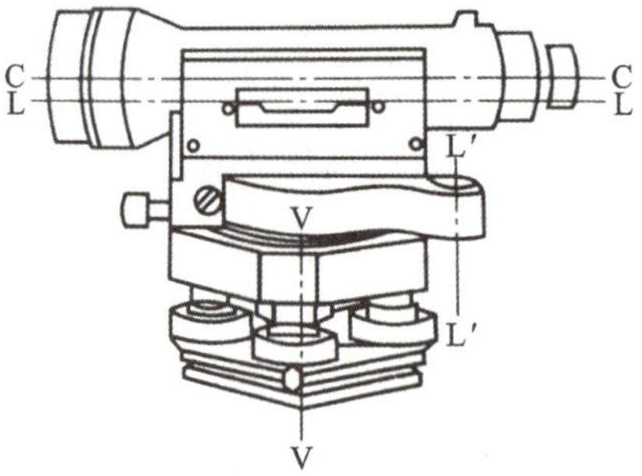

```
            ┌─────────────┐
    C ──────┤             ├────── C
    L       │             │       L
            └──┬───────┬──┘
               │   L'  │
               └───────┘
                  V
```

CC—视准轴；

LL—长水准管轴；

VV—坚轴；

L'L'—圆水准器轴。

图 1-14　水准仪的轴线图

2. 微倾式水准仪的检验与校正

1) 圆水准器的检校

① 目的：使圆水准器轴平行于仪器竖轴。

② 检验方法：安置仪器，调整脚螺旋使圆水准器气泡居中，然后将仪器旋转 180°，若气泡偏离，说明圆水准器轴不平行于仪器竖轴，需要校正。

③ 校正方法：用校正针调整圆水准器下面的三个校正螺丝，使气泡移回偏离值的一半，再调整脚螺旋使气泡居中。如图 1-15 所示，若圆水准器有中心螺丝时，则应首先将中心螺丝稍旋松一些，然后调整校正螺丝。校正时应注意三个校正螺丝不可同时旋紧，以免损坏螺丝。

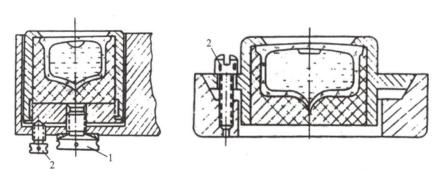

1—中心螺丝；2—校正螺丝。

图 1-15　圆水准器结构

2) 十字丝分划板的检校

① 目的：使望远镜十字丝横丝垂直于仪器竖轴。

② 检验方法：安置仪器并整平后，使望远镜十字丝横丝的一端对准远处一明显的固定标志（点），转动水平微动螺旋，同时观察，如果固定标志始终沿横丝移动，说明横丝与竖轴垂直，否则应校正。亦可用竖丝对准悬挂的细垂球线进行检验。如果在室内备有经检校好的平行光管，可将仪器安置在检验台上整平后，直接对准平行光管内分划板上的横丝或竖丝进行检验。

③ 校正方法：用起子旋松目镜座上的三个紧定螺丝后，转动目镜座，使横丝水平或竖丝与垂

球线重合,再将紧定螺丝旋紧。

3)长水准管的检校

长水准管的内表面是一个规则的圆弧面,在长水准管的轴向竖直截面内,过分划线的中心,作圆弧的切线,该切线即为长水准管的水准轴(应注意与圆水准器轴区别)。它和望远镜的视准轴是两条空间的直线。若两直线在水平面上的投影如果不平行,就会产生交叉误差。在垂直面上的投影如果不平行,就会产生视准误差,其值常用两线的夹角 i 来表示,故又称 i 角误差。这种误差对测量成果的精度影响最大,是水准仪各项检校中最重要的一项。

(1)交叉误差的检校。

①目的:使长水准管轴与视准轴在水平面上的投影平行。

②检验方法:如图 1-16 所示,在距离仪器约 50 m 处立一水准尺,将仪器的一个脚螺旋置于望远镜至水准尺的视准面内(另外两个脚螺旋的连线与视准面垂直),整平仪器使长水准管气泡影像精确符合,然后在水准尺上读数 a,将脚螺旋 1 降低 2 周,使水准仪向它的一侧倾斜,再将脚螺旋 2 升高 2 周,使中丝读数 a 保持不变。使仪器倾向一侧,并观察气泡偏向哪一端;将脚螺旋 1 升高 4 周,再将脚螺旋 2 降低 4 周,仍保持读数 a 不变。使仪器倾向另一侧,并观察气泡偏向哪一端;当仪器向两侧倾斜时,如果气泡始终没有偏离或倾向同端相同距离时,说明长水准管轴与视准轴的水平投影平行,无交叉误差存在。如果气泡异向偏离,表明两轴线的水平投影不平行,有交叉误差存在,需要校正。

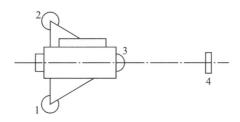

1,2,3—脚螺旋;4—水准尺。

图 1-16 交叉误差的检校

③校正方法:取下水准管校正螺丝的护盖,先稍微旋松上下两个校正螺丝,再松紧左右两个校正螺丝,使长水准管向左或向右转动至气泡居中。反复检验、校正,直至满足要求为止。

在室内检验时,可利用带有分划线的平行光管代替水准尺,检验方法相同不再重述。不管是哪种校正结构的长水准管,都是在水平方向移动长水准管轴的一端,使它去平行视准轴。另外,除了用于国家一、二等水准测量的仪器以外,精度要求低的仪器,在野外作业前,一般均不作此项检校。但对检修人员,则有必要作此项检校。

2)i 角的检校

①目的:使长水准管轴与视准轴在铅垂面内的投影相互平行。

②方法一(两侧法):如图 1-17 所示,在平坦的场地上,用钢尺丈量出长为 61.8 m 的直线 J_1J_2,并将其等分为三段,每段长为 20.6 m,在两分点 A、B 处各打入一木桩,桩面有一圆帽钉。

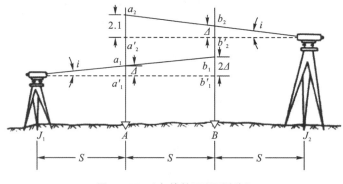

图 1-17　i 角检校图(两侧法)

观测时,在 J_1 处架设水准仪,仪器整平后,分别在 A、B 点的水准尺上各照准读数四次,每次读数应使符合长水准管气泡精确符合,设四次读数的中数分别为 a_1、b_1。再将水准仪架设在 J_2 处,仍按上述方法分别在 A、B 两点水准尺上读数四次,取四次读数的中数为 a_2、b_2。

若不顾及观测误差,则在 A、B 两点水准尺的读数中除去 i 角影响后的正确读数应为 a'_1、b'_1 和 a'_2、b'_2,在 J_1 处测得 AB 两点间的正确高差应为

$$h_1 = a'_1 - b'_1 = a_1 - b_1 + \Delta$$

在 J_2 处测得的正确高差应为

$$h_2 = a'_2 - b'_2 = a_2 - b_2 - \Delta$$

式中,$\Delta = \dfrac{i''}{\rho} \cdot S$($\Delta$ 以 mm 为单位)。因为 $h_1 = h_2$,故

$$a_1 - b_1 + \Delta = a_2 - b_2 - \Delta$$

$$\Delta = \frac{1}{2}[(a_2 - b_2) - (a_1 - b_1)]$$

所以 $i'' = \dfrac{\Delta}{S} \cdot \rho'' = \dfrac{\Delta \cdot 206\ 000''}{20\ 600} = 10 \cdot \Delta$($\Delta$ 以 mm 为单位)

对 s_3 级水准仪而言,i 角不得大于 $20''$,超出限差时需要进行校正。

校正可在 J_2 点上进行,旋转微倾螺旋,使望远镜照准 A 点水准尺上的正确读数 a'_2。a'_2 用下式计算:

$$a'_2 = a_2 - 2\Delta = b_2 - (b_1 - a_1)$$

然后,调整水准管的上下校正螺丝(图 1-18)使气泡影像符合。校正后,将望远镜对准 B 点上的水准尺,读取的读数应与计算得的值 b'_2($b'_2 = b_2 - \Delta$)一致,以此作为检核。i 角的检验方法之一的示例见表 1-2。

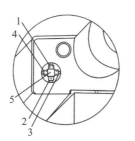

1,2—上下校正螺丝；
3,4—左右校正螺丝；
5—水准管盒端面。

图 1-18 水准管的校正螺丝

表 1-2 i 角的检验与计算表

仪器:DS3 编号:81004 观测者:张斌				
观测日期:2024 年 4 月 5 日 记录者:李军				
仪器站	观测次序	水准尺读数/m		高差/mm	计算
		A 尺读数 a	B 尺读数 b		
J_1	1	1.421	1.373	+47	$S=20.6$ m
	2	1.420	1.374		$\Delta=\dfrac{1}{2}[(a_2-b_2)-(a_1-b_1)]=-1$ mm
	3	1.421	1.374		$i=10,\Delta=-10''$
	4	1.421	1.374		校正后 B 点水准尺上的正确读数:
	中数	1.4208	1.3738		$b_2{'}=1.634$ m
J_2	1	1.678	1.633	+45	
	2	1.678	1.633		
	3	1.677	1.632		
	4	1.678	1.633		
	中数	1.6778	1.6328		

③方法二：在平坦的场地上丈量一长为 41.2 m 的直线 AJ_2，在此直线上从一端 A 量取 $AB=20.6$ m（距离用钢卷尺量取），在 A、B 两点各打下一木桩，并各钉一圆帽钉。

先将仪器置于 A、B 的中点 J_1（图 1-19），整平仪器后，使符合长水准管气泡精密符合，在 A、B 标尺上各照准读数四次，设 A、B 标尺上四次读数的中数为 a_1、b_1，则 A、B 间的高差为

$$h=(a_1-b_1)$$

然后，将仪器搬到 J_2 点设站，观测读数如前，设此时 A、B 标尺上的四次读数的中数为 a_2、b_2，则在 J_2 测得的 A、B 间的高差为

$$h'=a_2-b_2$$

若不顾及观测误差，则在 J_2 设站时除去 i 角影响后，A、B 标尺上正确读数应为 $a_2{'}$、$b_2{'}$：

$$a_2{'}=a_2-2\Delta \quad b_2{'}=b_2-\Delta$$

式中，$\Delta=\dfrac{i''S_{AB}}{\rho}$；

因为 $a_2' - b_2' = a_1 - b_1 = h$，所以 $\Delta = h' - h$，

则 $i'' = \dfrac{\Delta \cdot \rho}{S_{AB}} = \dfrac{\Delta \cdot 206\,000''}{20\,600} = 10\Delta$（$\Delta$ 以 mm 为单位）

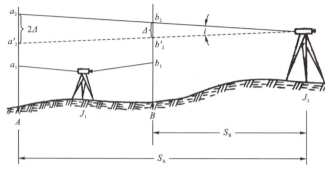

图 1-19　i 角检校图

i 角的校正：校正在 J_2 点上进行。用微倾螺旋（无微倾螺旋的仪器用位于视准面内的一脚螺旋）将望远镜视线对准 A 尺上应有的正确读数 a_2'：

$$a_2' = a_2 - 2\Delta$$

校正长水准管改正使气泡居中。校正后将仪器望远镜对准标尺 B 读数 b_2'，它应与计算的应有值 b_2'（$b_2' = b_2 - \Delta$）一致，以此作为检核。校正需反复进行，使 i 角合乎要求为止。检验记录与结果见表 1-3。

表 1-3　i 角的检验与计算表

仪器：DS3　编号：81004　观测者：张斌 观测日期：2024 年 4 月 5 日　记录者：李军						
仪器站	观测次序	水准尺读数/m		高差 /mm	计算	
		A 尺读数 a	B 尺读数 b			
J_1	1	1.421	1.373	+47	$S = 20.6$ m $\Delta = \dfrac{1}{2}[(a_2 - b_2) - (a_1 - b_1)] = -1$ mm $i = 10, \Delta = -10''$ 校正后 B 点水准尺上的正确读数： $b_2' = 1.634$ m	
	2	1.420	1.374		
	3	1.421	1.374		
	4	1.421	1.374		
	中数	1.4208	1.3738		
J_2	1	1.678	1.633	+45	
	2	1.678	1.633		
	3	1.677	1.632		
	4	1.678	1.633		
	中数	1.6778	1.6328		

④方法三（平行光管法）：

设备：室内布设带有刻度分划板（刻度值为 $20''$）的专用平行光管一台（光管焦距 f 选用 550

为宜),以及能升降的校正台一个。事先用经检验过的精密水准仪或1″级全站仪将平行光管校正好,使其 i 角不大于2″,以此作为基准。

检验方法:将待检水准仪固定在校正台上并整平,升降校正台使望远镜照准平行光管内的分划板,转动微倾螺旋使十字丝板横丝与平行光管分划板的横丝重合。此时水准气泡若不符合说明水准管轴与视准轴在铅垂面内的投影不平行。

校正方法:直接校正水准管上下的校正螺丝,使气泡符合,此时,十字丝板横丝应与平行光管分划板的横丝重合。

根据《水准仪检定规程》规定:"用于一、二等水准测量的仪器,其 i 角不得大于15″;用于三、四等水准测量的仪器,不得大于20″;超出上述限值时需要进行校正。"

本章小结

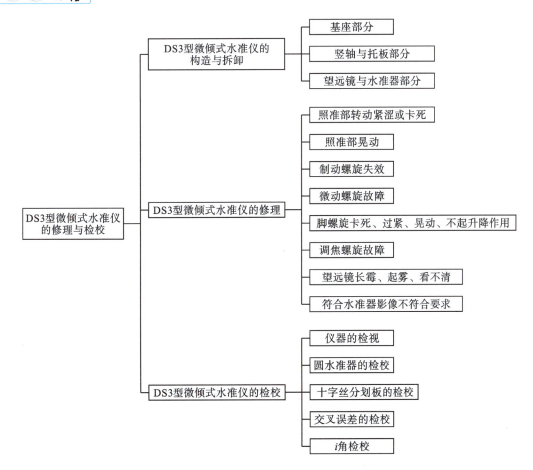

练习题

(1) DS3 型微倾式水准仪由哪几部分组成？

(2) 脚螺旋的常见故障有哪些？

(3) 简述 DS3 型微倾式水准仪的几何轴线及其关系。

(4) 简述圆水准器的检校方法。

(5) 简述十字丝的检校方法。

(6) 简述一种 i 角的检校方法。

第2章 自动安平水准仪的修理与检校

主要内容

用圆水准器将水准仪整平后，无需观测员再用微倾螺旋来安平视线，而由重力作用使视线自动安平的水准仪叫作自动安平水准仪。本章以 NAL124 自动安平水准仪为例，详细介绍了自动安平水准仪的结构、修理和检校。

知识目标

(1) 了解自动安平水准仪的优点。
(2) 掌握自动安平水准仪的结构。
(3) 掌握自动安平水准仪的检校方法。

能力目标

(1) 能调整十字丝的歪斜。
(2) 能判定补偿器的好坏
(3) 能检校 i 角和圆气泡。

思政目标

切身体会维修测量仪器是一个精益求精、精雕细琢的工作，不能有半点的马虎。同时，在修理仪器的过程中培养良好的职业道德和爱岗敬业的精神。

2.1 自动安平水准仪的结构与安装

自动安平水准仪依靠圆水准泡进行调平，这项工作的目的是让水准仪的视准轴处于较为水平的状态。自动安平水准仪与微倾水准仪最大的不同在于它的补偿器，自动安平水准仪的补偿器是利用地球引力进行工作的，它将一组透镜用吊丝悬挂，在地球引力的作用下悬挂的透镜始终垂直于地面，当仪器没完全整平时，透视镜视准轴与水平线有一夹角（i 角）。相应的补偿器会始终垂直于地面，其也将与望远镜视准轴产生夹角（i 角），经过悬挂的透镜观测员的视线就会得到改正,使观测员得到正确的水平视线.也就是说自动安平的水准仪可以在不完全整平的情况下正常工作,但由于悬挂物的空间和精度限制,自动安平是有范围的,一般补偿器的有效工作范围是$\pm 8'$。

自动安平水准仪的优点:
(1)克服了管状水准器受温度影响的缺点。
(2)整平快(不需要精确整平),精度稳定。
(3)由于不需要调整符合气泡则消除了因这项观测引起的视觉误差。
(4)简化了仪器的结构,增强了仪器的稳定性。

NAL124自动安平水准仪是新型的防水型自动安平水准仪,可用于国家三、四等水平测量,满足多种建筑工程及水准测量要求。它具有自动补偿功能,可提高作业效率,补偿器采用交叉吊丝结构、空气阻尼,自带检查按钮,避免补偿器出错,望远镜密封防水,采用短视距望远镜,也可用于室内装潢。仪器外形图及光路图如图2-1和图2-2所示。

图2-1 仪器外形图

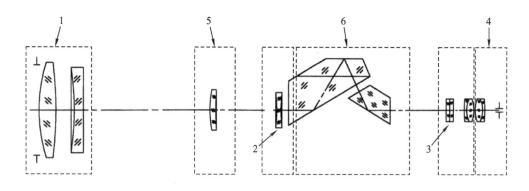

1—物镜组;2—后物镜组;3—分划板组;4—目镜组;5—调焦镜组;6—补偿器组。

图2-2 光路图

1. 仪器参数(表 2-1)

表 2-1 仪器参数

项目		参数
仪器型号		NAL124
每千米往返测标准偏差		±2 mm
望远镜	成像	正像
	放大倍率	24x
	最短视距	0.8 m
补偿器	补偿范围	±15′
	安平精度	±0.5″
圆水准器角值		8′/2 mm
工作温度		−30°〜+50°
仪器重量		2 kg

2. 基座部分

1) 安平螺丝组的安装(图 2-3)

① 将安平螺杆与安平手轮连接。

② 在安平螺杆下方分别套入压圈和波形垫圈。

③ 将 O 形圈装入螺丝托,并将螺丝托套入脚螺丝,使压圈压紧螺丝托。

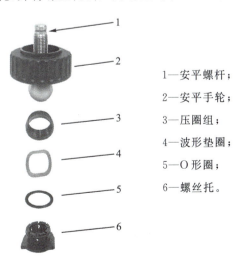

1—安平螺杆;

2—安平手轮;

3—压圈组;

4—波形垫圈;

5—O 形圈;

6—螺丝托。

图 2-3 安平螺丝组的安装

2)基座部的连接(图 2-4)

①在底板的三个槽内,分别套入三个已经预先装好的脚螺丝。

②将三个脚螺丝分别旋入托盘的三个螺丝孔,使之固定,如图 2-5 所示。

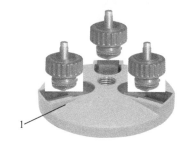

1—底板;2—托盘。

图 2-4 基座部的连接

图 2-5 基座

3)度盘安装

①如图 2-6 所示,装上度盘,并在度盘和托盘之间涂上润滑脂。

②用弹性压圈将度盘压紧在托盘上。

1—度盘;2—弹性压圈。

图 2-6 度盘安装

4)挡圈槽的安装

①将轴用弹性挡圈装入轴套下层挡圈槽内。

②如图2-7所示,依次装入轴间垫片、微动齿轮、轴间垫片、弹簧垫片、轴间垫片,并加入适当油脂,最后将轴用弹性挡圈装入轴套上层挡圈槽里,挡圈槽的安装就完成了。

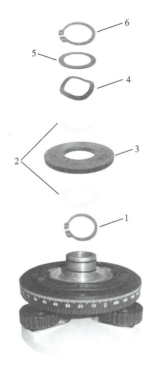

1—弹性挡圈;2—轴间垫片;3—微动齿轮;4—弹簧垫片;5—轴间垫片;6—弹性挡圈。

图2-7　挡圈槽的安装

3. 微动手轮部分

1) 微动手轮左半部分的装配

①如图2-8所示,将挡环、挡圈依次套在微调轴上。

②将微调轴插入壳体,安上手轮,再将六角薄螺母拧紧在微调轴上,完成微动手轮组左半部分装配。

1—封盖;2—六角薄螺母;3—手轮;4—挡圈;5—挡环;6—微调轴。

图2-8　微动手轮左半部分的连接

2) 微动手轮的安装

①安装完左半部分微动手轮后,装上簧片,并用螺丝拧紧。

②右半部分微动手轮安装如图2-9所示,依次将挡环、弹簧、螺母、手轮装到微调轴上,并用六角薄螺母拧紧。

③在两边都拧紧后,封上封盖,完成微动手轮的安装。

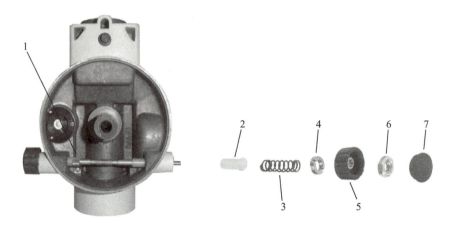

1—簧片;2—挡环;3—弹簧;4—螺母;5—手轮;6—六角薄螺母;7—封盖。

图2-9 微动手轮的安装

4. 圆水泡的安装(图2-10)

①将隔圈套上圆水泡组。

②用螺钉、内六角螺钉按如图2-10所示的方向将圆水泡组与壳体连接。

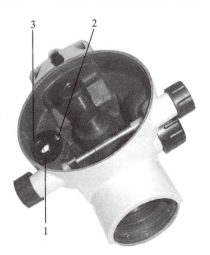

1—隔圈;2—螺钉;3—内六角螺钉。

图2-10 圆水泡的安装

5. 壳体与基座的连接

将竖轴加胶旋入壳体胶合(图2-11)。在轴上套入适当厚度的轴端垫片并插入轴套与基座连接。在竖轴端弹性挡圈槽内装上轴用弹性挡圈,以确保壳体与基座的连接。

1—竖轴;2—轴端垫片;3—弹性挡圈。

图 2-11 壳体与基座的连接

6. 调焦镜和物镜的安装(图 2-12)

①首先将调焦手轮组插入壳体,把组合好的调焦滑座涂上润滑脂并向壳体内推入,直至调焦镜组齿条与调焦手轮组的齿轮相啮合。

②将修正圈与O形圈依次装到物镜组上,然后将物镜装入壳体。

③将密封圈装入物镜罩后,将物镜罩旋入壳体压住物镜组,并拧紧壳体上的轴端紧定螺钉以固定物镜罩。

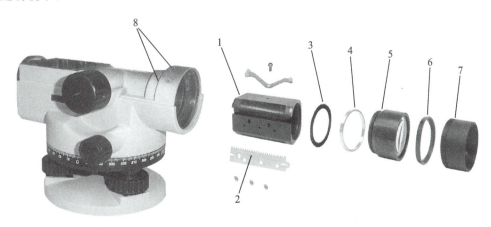

1—调焦滑座;2—齿条;3—修正圈;4—O形圈;5—物镜组;6—密封圈;7—物镜罩;8—紧定螺钉。

图 2-12 调焦镜和物镜的安装

7. 调焦手轮的安装(图 2-13)

①把弹性垫片套入调焦齿轴,放入壳体。
②用挡圈将调焦齿轴固定,用螺钉旋紧。
③安上调焦手轮,并拧紧调焦手轮螺钉。

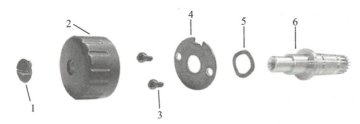

1—螺钉;2—调焦手轮;
3—螺钉;4—挡圈;
5—弹性垫片;6—调焦齿轴。

图 2-13 调焦手轮的安装

8. 目镜的结构(图 2-14)

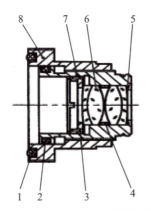

1,2,5—O 形圈;3—弹性压圈;
4—目镜隔圈;6—目镜胶合组;
7—目镜座;8—目镜导套。

图 2-14 目镜结构

9. 补偿器检查按钮的结构及组装(图 2-15)

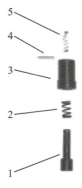

1—按钮;2—弹簧;3—按钮座;4—销钉;5—弹簧。

图 2-15 补偿器检查按钮的结构

①将弹簧套上按钮后一起塞入按钮座。
②将弹簧塞入按钮座,并在按钮的销孔内插入销钉。
③连接按钮和弹簧,完成按钮组。

10. 目镜部分的安装(图 2-16)

①在壳体分划板安装座内先装入销钉、O形圈和调节螺钉。
②装入分划板组,然后装入簧片以弹性固定分划板座。
③将目镜组旋入壳体,并在侧面用紧定螺钉固定。
④套上目镜罩,拧紧目镜罩上三个支头螺钉固定目镜罩与目镜的连接。
⑤将检查按钮胶合装入壳体。

1—调节螺钉;2—O形圈;
3—销钉;4—簧片;5—分划板组;
6—目镜组;7—目镜罩;
8—检查按钮。

图 2-16 目镜部分的安装

11. 后物镜、补偿器与壳体的连接(图 2-17)

①将后物镜组装入壳体,用压紧簧片压住,并用 M2.5×3 螺钉固定。
②将补偿器组左前方定位孔套入定位螺钉,并用 M2.5×6 螺钉固定。

1—定位螺钉;
2—后物镜组;
3—簧片;
4,5—螺钉;
6—补偿器组。

图 2-17 后物镜、补偿器与壳体的连接

12. 上盖的安装(图2-18)

①在上盖与壳体连接前先在上盖中装入密封圈。

然后将上盖盖上壳体,装上4颗M3×12螺钉及1颗M3×8螺钉并拧紧。

②将粗瞄器组(指标分划板向前)与仪器上盖胶合。

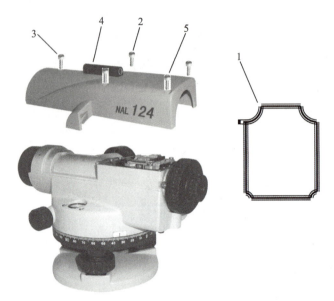

1—密封圈;2,3—螺钉;4—粗瞄器;5—上盖。

图2-18 上盖的安装

2.2 自动安平水准仪的调整

1. 调整分划视距、倾斜、i角

(1)视距乘常数的调整:通过目镜观察目标(标尺),当仪器和目标之间的距离为50 m时,分划板上A、B两条短线所夹标尺长度应为500 mm,如超出范围则应作调整。调整方法:拧下目镜并拧松分划板紧定螺钉,如A、B之间大于500 mm则将分划板向外移,反之则向里移。当调整好后拧紧分划板紧定螺钉。

(2)十字丝歪斜的调整:调整圆水泡居中,观察一水平线状标尺,查看分划板十字丝水平指标线C是否水平。不水平用校针D转偏心销钉来调整(图2-19)。

(3)i角调整:调整仪器圆水泡后观察标准目标(平行光管),如仪器有少量i角误差时,可用内六角工具旋转调节螺钉来调整。

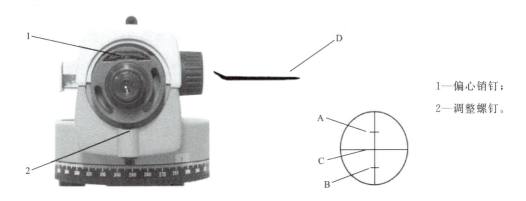

1—偏心销钉；
2—调整螺钉。

图 2-19　分划视距、倾斜、i 角的调整

2. 补偿器的调整

1) 摆体对称性和补偿误差的调整

(1) 调整圆水泡居中并将仪器整平，用一柔软有弹性的物体轻推补偿器下摆体，观察补偿器摆体相对于中间平衡位置能够前后摆动的量是否一致。如不一致可松开 M2×3 螺钉、前后移动限位架来调整补偿范围的对称性。

(2) 将仪器的一个安平手轮置前(物镜下)，调整圆水泡并将仪器整平，观察标准目标(平行光管十字丝零位水平丝)是否与仪器分划板十字丝水平丝重合，如不重合可以松开紧定螺钉，通过调整螺钉来调整。

(3) 在仪器补偿范围内，倾斜仪器(即仪器前高后低，如图 2-20 所示，圆水泡 A 偏移出圆水泡指标圈 B)，此时，如仪器分划板十字丝高于标准目标十字丝，可松开紧定螺钉，将调整螺钉向上旋来调整，反之则向下旋来调整，直至调整到允许范围之内(补偿器安平精度为±0.5″)。

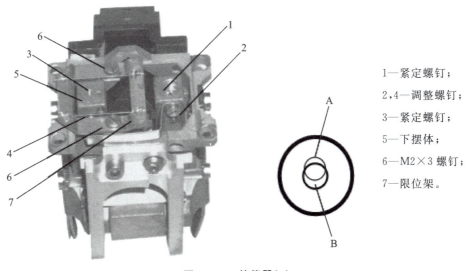

1—紧定螺钉；
2,4—调整螺钉；
3—紧定螺钉；
5—下摆体；
6—M2×3 螺钉；
7—限位架。

图 2-20　补偿器(a)

2)交叉误差的调整

反方向转动垂直于仪器光轴的 2 个安平手轮,在仪器补偿范围内,倾斜仪器(即仪器左高右低,如图 2-21 所示,圆水泡 A 偏移出圆水泡指标圈 B),此时,如仪器分划板十字丝高于标准目标十字丝,可松开固定补偿器的 2 个螺钉,让补偿器绕定位螺钉逆时针方向微量旋转,反之则顺时针方向微量旋转,直至调整到 $5'$ 之内。

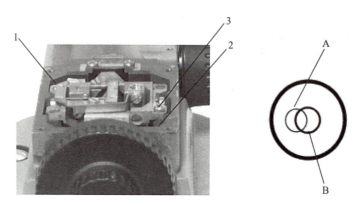

1—定位螺钉;2—补偿器;3—螺钉。

图 2-21 补偿器(b)

2.3 自动安平水准仪的检校

仪器出厂前,各几何轴线位置已充分校正,但出厂后经过运输或长期使用,为了保证测量精度,使用前必须对仪器进行检测,若发现偏差,须进行校正。自动安平水准仪的检校和微倾式水准仪的检校基本上一样,不一样的是多一个补偿器的检测。

1. 补偿器的检校

自动安平水准仪是通过仪器内的自动安平补偿器来使仪器处于水平位置的,即使仪器倾斜,只要在自动安平补偿范围之内,视准线就会自动处于水平。

检查方法:

(1)用脚螺旋使圆水准气泡严格居中。

(2)将仪器的两个脚螺旋的连线与前方某一固定目标垂直,将十字丝横丝对准前方固定目标,边看十字丝和目标,边将与视准轴同一方向的脚螺旋顺转 1～2 圈,看十字丝是否有变动,如果十字丝没有变动,说明补偿器是好的,如果不和刚才的目标重合,说明补偿器有问题。同样,将与视准轴同一方向的脚螺旋逆转 1～2 圈,看十字丝和目标是否重合,如果不重合,说明补偿器有问题,需要修理。

2. 视线水平度(i 角)检校

自动安平水准仪采用光学自动安平补偿器取代常规水准仪的符合水准气泡。因此,自动安

平水准仪的 i 角是指经过物镜光心的水平入射光线与这条水平光线经过补偿器后的准绝对水平视准线之间的夹角,它的大小和稳定性取决于这条准绝对水平线的精度。自动安平水准仪的 i 角检校方法与微倾式水准仪的检校方法相同,这里不再赘述。

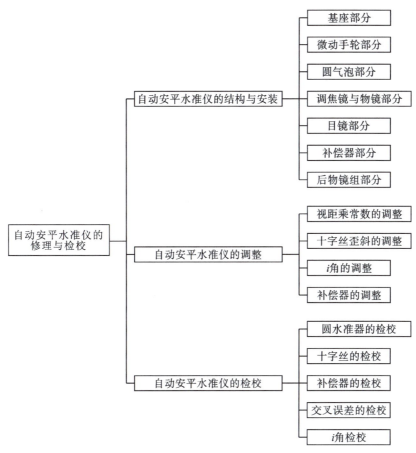

(1) 简述望远镜视距乘常数的检查和调整方法。

_____

_____

(2) 自动安平水准仪的检校项目有哪些?

_____

_____

(3)怎么检查自动安平水准仪的补偿器?

(4)十字丝歪斜的调整方法是什么?

(5)自动安平水准仪 i 角的定义是什么?

第3章 数字水准仪的修理与检校

主要内容

本章主要介绍数字水准仪的工作原理和结构、各部件的安装与调校,以及数字水准仪不能开机、不能测量、测量错误和测量数据偏差大的原因和维修方法。数字水准仪有两个 i 角:光学 i 角、电子 i 角。i 角的检校是水准仪的重要检定项目。

知识目标

(1) 了解数字水准仪的优缺点。
(2) 了解数字水准仪的工作原理。
(3) 掌握数字水准仪的误差来源。

能力目标

(1) 能独立完成数字水准仪的各个检定项目。
(2) 能判定数字水准仪的好坏。
(3) 能处理数字水准仪的常见故障。

思政目标

通过本章节的学习,了解国家生产高精度的、领先世界的测量仪器的水平,增强爱国热情和民族自豪感。

3.1 数字水准仪的工作原理

数字水准仪是20世纪90年代初出现的新型几何水准测量仪器,它的出现解决了水准仪数字化读数的难题,标志着大地测量完成了从精密光机仪器到光机电测一体化的高科技产品的过渡。由于数字水准仪克服了传统水准测量的诸多弊端,具有读数客观、精度高、速度快、能够减轻作业强度、测量结果便于输入计算机和容易实现水准测量内外业一体化的特点,一直受到业界的高度重视。

3.1.1 数字水准仪的工作原理

数字水准仪测量系统的测量原理如图3-1所示,它由条码尺和主机两部分构成。条码尺是由宽度相等或不等的黑白(黄)条码按某种编码规则进行有序排列而成的,主机则是在自助安平水准仪的基础上发展起来的。数字水准仪的主机结构如图3-2所示,它由物镜系统、分光棱镜、目镜系统、CCD传感器(或其他类型的光电传感器)、微处理器键盘、数据处理软件等组成。

数字水准仪的基本原理:在人工或自动完成条码尺的照准和调焦后,条码尺的一段图像既在十字丝分划板上供目视观测用,又被成像在CCD传感器的焦平面上。通过对条码尺图像进行处理后,可以精确确定数字水准仪望远镜视准轴的位置(视线高)及条码尺到水准仪竖轴的距离(视距)。

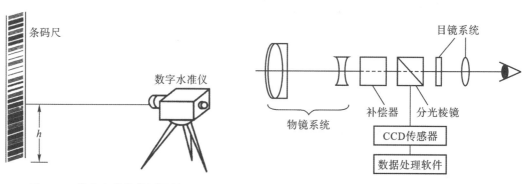

图3-1 数字水准仪的测量原理　　　　图3-2 数字水准仪的主机结构

3.1.2 数字水准仪的优缺点

数字水准仪是集光电技术、图像处理技术和计算技术为一体的高科技产品,代表了水准仪的发展方向。与传统光学水准仪相比,数字水准仪有以下优点:

(1)读数客观。

不存在误读、误记问题,没有人为读数误差。

(2)测量精度高。

视线高和视距读数都是采用多个条码的图像经过处理后取平均值得出来的,因此削弱了标尺分划误差的影响。多数仪器都有进行多次读数取平均值的功能,可以削弱外界条件的影响,如振动、大气扰动等。同时要求标尺条码要有足够的可见范围,用于测量的条码不能少于一个码区的条码个数。

(3)测量速度快。

因为省去了报数、听记、现场计算及人为出错的重测数量,所以测量时间比传统仪器短。

(4)测量效率高。

只需要调焦和按键就可以自动读数,减轻了劳动强度。仪器还能自动记录、检核并处理测量数据,并能将各种数据输入计算机进行后处理,实现内外业一体化。

(5)操作简单。

由于仪器实现了读数和记录的自动化,并预存了大量测量和检核程序,在操作时还有实时提示,因此测量人员可以很快掌握使用方法,即使不熟练的作业人员也能进行高精度测量。

(6)自动改正测量误差。

由于仪器带有内部计算机,可以对条码尺条码的分划误差、CCD 传感器的畸变、电子 i 角、大气折光等系统误差进行修正。

数字水准仪也存在一些缺点:

(1)数字水准仪对标尺进行读数不如光学水准仪灵活。目前的数字水准仪只能对其配套的标尺进行照准读数,而在有些部门的应用中,使用自制的标尺,甚至是普通的钢板尺,只要有刻画线,光学水准仪就能读数,而数字水准仪则无法工作。同时,数字水准仪要求有一定的视场范围,在有些特殊环境下,只能通过一个较窄的狭缝进行照准读数,这时就只能使用光学水准仪或数字/光学一体化水准仪。

(2)数字水准仪对环境要求高。由于数字水准仪是由 CCD 传感器通过分辨标尺条码的图像进行电子读数的,因此测量结果受制于 CCD 传感器的性能。CCD 传感器只能在有限的亮度范围内将图像转换为用于测量的有效电信号。因此,条码尺具有足够的亮度是数字水准仪能够进行正常测量的前提,一般要求标尺亮度均匀、适中。

3.1.3 数字水准仪的误差来源

由数字水准仪的构造及其测量原理可知数字水准仪的误差来源主要包含两方面:光学、机械部分和电子部分。

1. 光学和机械部件引起的误差

一般说来,数字水准仪具有与光学水准仪相同或相似的光学和机械结构,因此,数字水准仪因光学和机械部件本身引起的误差与光学水准仪基本相同。同时,数字水准仪是光学、机械部件和电子部件相结合的产物。而光学、机械部件引起的误差,又会因其与电子部件结合表现出新的特征,如圆水准器误差、调焦透镜运行误差和竖轴倾斜引起的视轴误差等。

2. 自动补偿装置引起的误差

数字水准仪的补偿器一般采用吊丝重力摆补偿器,其补偿范围一般不小于 $8'$,即只要整置仪器使圆水准气泡在圆圈之内,就可起到补偿作用。评价数字水准仪补偿器最重要的指标为补偿器的安置误差、滞后误差、补偿剩余误差和磁致误差等。

3. 电子设备引起的误差

数字水准仪是根据CCD获取的条码影像进行测量的。CCD的物理特性决定了其在光强化、尺表面照度不均、观测瞬间强光闪烁、外界气流抖动等情况下，可能会降低标尺成像的对比度，从而引起误差。另外，还包括CCD的物理特性引起的误差、信号分析和处理的误差及电子视准轴i角的误差等。

4. 外界条件改变而引起的误差

数字水准仪与条码标尺组成的测量系统是在时刻变化的外界条件下进行工作的，外界条件的变化将引起仪器各部件的误差。这种影响常常表现为各部件及其组合的综合影响。外界因素导致的误差：温度变化对电子i角的影响、大气垂直折光的影响、仪器和标尺垂直位移的影响、地面振动的影响和地面电磁场的影响等。

3.1.4 编码水准标尺

编码水准标尺分普通编码水准标尺和精密编码水准标尺。普通编码水准标尺基本由膨胀系数小于10^{-6}的玻璃钢材料制成，其分划形式为一面是黑白相间的条形编码，另一面是厘米分划。条形码分划供观测时的电子扫描用，厘米分划面可以作为普通水准标尺使用。精密编码水准标尺分划采用铟钢材料制成，正面为条形码刻画，反面没有刻画，只有扶尺环和圆水准器。编码水准标尺尺长有2 m和3 m两种。

使用铟钢RAN码水准标尺，每千米往返测标准差最高可达±(0.3～0.4)mm，使用玻璃钢RAB码水准标尺每千米往返测标准差最高可达±1.0 mm。

3.2 数字水准仪的结构和修理

下面以天宇DL-2007数字水准仪为例讲解数字水准仪的结构和修理。

3.2.1 外形图和光路图（图3-3、图3-4）

图3-3 外形图

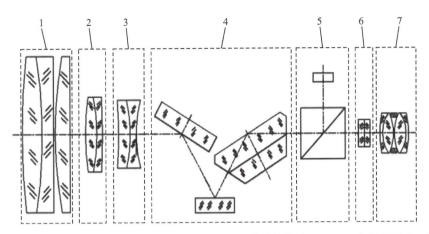

1—物镜组;2—调焦镜组;3—后物镜组;4—补偿器组;5—分光棱镜及CCD;6—分划板组;7—目镜组。

图3-4 光路图

3.2.2 基本参数(表3-1)

表3-1 仪器基本参数

项目		参数
仪器型号		DL2007
高程测量精度 (每千米往返测标准差)	电子读数	0.7 mm
	光学读数	2.0 mm
距离测量精度	电子读数	$D \leqslant 10$ m;10 mm;$D \geqslant 10$ m;$D*0.001$
测程	电子读数	1.8~105 m
最小显示	高差	1 mm/0.1 mm
	距离	0.1/1 cm
测量时间		一般条件下不大于3 s
望远镜	放大倍率	32×
	分辨率	3″
	视场角	1°20′
	视距乘常数	100
	视距加常数	0
补偿器	类型	磁阻尼摆式补偿器
	补偿范围	>±12′
	补偿精度	0.3″/1′

续表

项目		参数
数据存储	内存	16MBit,20 000点,256个文件
	点号	递增/递减/自定义
	接口	USB
	外部存储	SD卡
圆水准器灵敏度		8′/2 mm
自动断电		5 min/OFF
水平度盘	刻度值	1°
防水防尘		IP54
显示器		带照明的160＊64点阵液晶
工作温度		－20～50 ℃
尺寸		230 mm(长)×150 m(宽)×210 m(高)
重量		2.5 kg

3.2.3　各部件安装和调校

1.展开图(图3-5)

图 3-5　展开图

2. 微动手轮的安装(图3-6)

(1)先将尼龙套嵌入镜座内。

(2)在A端按顺序将波型垫片、微调手轮滑片涂上适当的润滑脂,并和微调手轮一起装在水平微调螺杆上,固定紧内六方制动螺钉。

(3)将装好的水平微调螺杆装入镜座内。

(4)在B端按顺序将波型垫片、微调手轮滑片涂上适当的润滑脂,并和微调手轮一起装在水平微调螺杆上,固定紧内六方制动螺钉。

(5)通过调整微调手轮在水平微调螺杆的位置来调整微动手轮的手感。

(6)将连接螺钉和勾簧固定在镜座上,将勾簧的另一端固定在水平微调螺杆的勾槽内,在勾槽和水平微调螺杆的螺纹上涂上适当的润滑脂。

(7)调节微调手轮在水平微调螺杆上的位置来调节手感,最后安装微调手轮套。

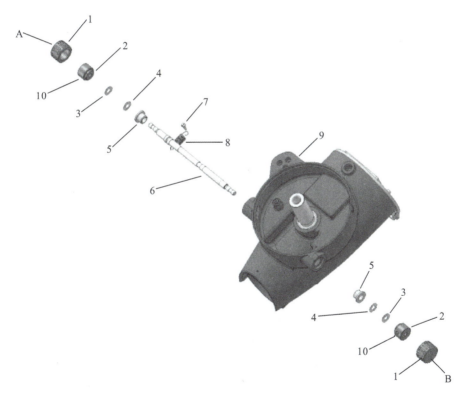

1—微调手轮套;2—微调手轮;3—微调手轮滑片;4—波型垫片;5—尼龙套;
6—水平微调螺杆;7—连接螺钉;8—勾簧;9—镜座;10—内六方制动螺钉。

图3-6 微动手轮安装

3. 基座的安装(图3-7)

(1)将基座安装在镜座内,装上卡簧。

(2)通过选择垫片的厚度或个数来调整轴向间隙。

(3)通过调整微调手轮来调整水平微调的手感。

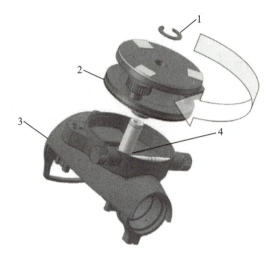

1—卡簧;2—基座;3—镜座(水平微调已装);4—竖轴垫片。

图3-7 基座的安装

4. 圆水准器的安装(图3-8)

(1)按顺序将水泡、水泡调节弹片、螺钉装入镜座。

(2)在镜座上调整螺钉的松紧,使仪器在旋转一周的过程中水泡居中。

1—水泡;2—水泡调节弹片;3—螺钉;4—镜座。

图3-8 圆水准器的安装

5.后物镜组的安装(图3-9)

把物镜后组组件从物镜端装到底部,并与底部的面紧贴,用两个螺钉紧固。

1—螺钉;2—物镜后组组件;3.镜座。

图3-9 后物镜组的安装

6.调焦镜的安装(图3-10)

(1)用螺钉将调焦齿条紧固在调焦镜组件上。

(2)在镜筒内部涂上适量的润滑脂。

(3)在齿条和定向弹片的接触面及调焦镜筒的八个接触面上涂上适当的润滑脂。

(4)装入镜筒中的适当位置。

1—调焦镜组件;2—定向弹片;3—螺钉;4—调焦齿条;5—镜座。

图3-10 调焦镜的安装

7.调焦手轮的安装(图3-11)

(1)将调焦限位组件装入镜座内,用螺钉紧固,并确保调焦杆的齿轮与调焦镜筒齿条相啮合。

(2)将调焦手轮滑片的靠调焦手轮面涂适量的润滑脂,安装调焦手轮、大垫圈、小垫圈、螺钉。

(3)调整螺钉和球头柱塞中球头柱塞的位置,使调焦手感良好。

(4)调整旋转调焦限位组件的位置,使调焦的前后位置合适。

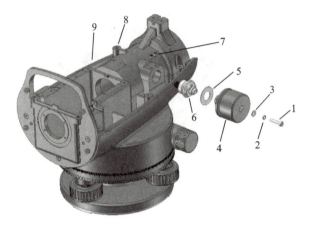

1—螺钉;2—小垫圈;3—大垫圈;4—调焦手轮;5—调焦手轮滑片;6—调焦限位组件;
7—螺钉;8—螺钉和球头柱塞;9—镜座。

图 3-11　调焦手轮的安装

8. 物镜的安装(图 3-12)

(1)选择适当厚度的百米圈。

(2)将物镜前组组件和百米圈一起装入仪器,用螺钉紧固。

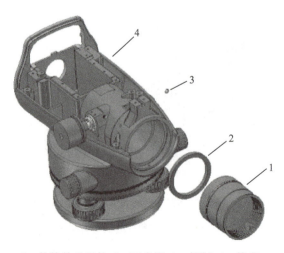

1—物镜前组组件;2—百米圈;3—螺钉;4—镜座。

图 3-12　前物镜组的安装

9. 目镜分划板组件的安装(图3-13)

将分划板组件用螺钉固定在镜座上并使分划板的竖丝铅垂,旋紧目镜系统至分划板组件上。

1—目镜系统;2—螺钉;3—分划板组件;4—镜座;5—分划板调整螺钉。

图3-13 目镜分划板的安装

10. 分光棱镜组件的安装(图3-14)

如图3-14所示,将分光棱镜组件安装在镜座上,要求须以目镜端为基准面。

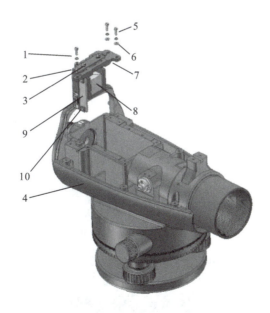

1—标准弹簧垫圈;2—CCD调整板;3,5,10—螺钉;4—镜座;6—小垫圈;7—分光棱镜支架;
8—分光棱镜组件;9—CCD传感器线路板组件。

图3-14 分光棱镜组件的安装

11. 补偿器的安装(图 3-15)

(1)调整圆水泡居中并将仪器整平。

(2)将补偿器放入镜座内。

(3)用螺钉、小垫圈、轴位螺钉固定补偿器。

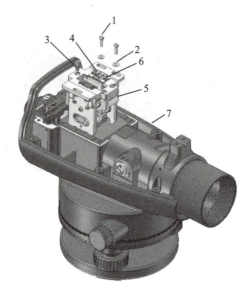

1,6—螺钉;2—小垫圈;3—轴位螺钉;4—限位组;5—补偿器;7—镜座。

图 3-15 补偿器的安装

12. 补偿器的调整

(1)调整圆水泡并将仪器整平,如图 3-16 所示,观察标准目标(平行光管十字丝零位水平丝)是否与仪器分划板十字丝水平丝重合,如不重合,可用拨针旋转螺钉来调整分划板的上下位置。

图 3-16 补偿误差的调整

(2)旋转安平手轮 A,在仪器补偿范围内,倾斜仪器(即仪器前高后低),圆水泡偏移出圆水泡指标圈,如图 3-17 所示。此时,如仪器分划板十字丝低于标准目标十字丝,可松开螺钉和轴位螺钉,将补偿器整体沿轴线向前平移少量距离后旋紧。

(3)然后重复以上两个步骤,直至补偿误差在规定精度范围内。

(4)如在步骤(2)中,仪器分划板十字丝高于标准目标十字丝,则松开螺钉和轴位螺钉,将补偿器整体沿轴线向后平移少量距离并旋紧螺钉。

(5)调整视距:通过目镜观察目标(标尺),当仪器和目标之间的距离为 50 m 时,分划板上下丝两条短线所夹标尺长度应为 500 mm,如超出范围则应作调整。调整方法:更换百米修正圈,如长度大于 500 mm 则换较厚的物镜修正圈,反之则换较薄的物镜修正圈。

 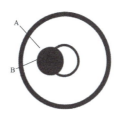

图 3-17 圆气泡

13. 交叉误差的调整

(1)将仪器的一个安平手轮置前(物镜下),调整圆水泡并将仪器整平,通过目镜观测标准零位(平行光管十字丝零位水平丝)是否与仪器分划板十字丝水平丝重合,如不重合,可用拨针旋转螺钉来调整分划板的位置,直至分划板十字丝与目标十字丝重合。

(2)反方向转动连线垂直于仪器光轴的 2 个安平手轮 BC,在仪器补偿范围内,倾斜仪器(即仪器左高右低,如图 3-18 所示),圆水泡 A 偏移出圆水泡指标圈 B),此时,如仪器分划板十字丝高于标准目标十字丝,可松开开槽圆柱螺钉,让补偿器绕补偿器中心(2 个固定补偿器的开槽圆柱螺钉的连线中心)逆时针方向微量旋转并旋紧螺钉,反之则顺时针方向微量旋转,直至调整到允许精度范围之内。

注意:交叉误差调整以后一定要再检查一次补偿误差及光学 i 角。

14. 补偿器对称性的调整

(1)将仪器的一个安平手轮 A 置前(物镜下),调整圆水泡并将仪器整平,通过目镜观测标准零位,调整安平手轮 A,使仪器倾斜 15′,松开螺钉,调整限位组的位置使其限位为大于 12′。

(2)反方向旋转安平手轮 A 使仪器倾斜 −15′,松开螺钉,调整限位片的位置使其限位为大于 −12′。

(3)调整圆水泡居中,观察铅垂线,查看分划板十字丝的竖丝是否与铅垂线平行,如不平行可松 4 颗固定分划板组螺钉,旋转分划板组来调整,同时检查并调整仪器的光学 i 角。

15. CCD 调整

将望远镜调焦至无穷远,用望远镜对准仪器的物镜,调整水准仪调焦的位置,直至从望远镜内可以清晰地看清分划板十字丝的像,然后用电珠照亮 CCD 传感器,使得 CCD 的采集面完全和十字丝竖丝上下重合且同时清晰。先松开上方的四个螺钉,然后平移分光棱镜支架使十字丝与 CCD 的采集面重合,如有倾斜则松开螺钉来调整 CCD 的倾斜,最后平移 CCD 调整板的位置使 CCD 最为清晰(此时的十字丝也最为清晰)并固定螺钉。

16. 面板组件的安装

如图 3-18 所示,将按钮、导电橡胶和主板等安装在面板上,必须保证导电橡胶导电面的清洁和线路主板的清洁。

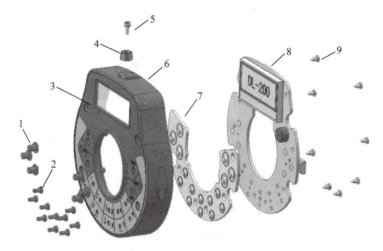

1—数字按钮;2—功能按键;3—贴面;4—粗瞄器;5—螺钉;6—面板;7—导电橡胶;8—主板;9—螺钉。

图 3-18 面板组件的安装

17. 总装

将各部分安装,确保各电气连接线连接正确,注意调焦的位置和粗瞄的调整。最后的外形如图 3-19 所示,检查仪器的各光学指标合格后,可以按照仪器内部的检校模式来修正仪器内的电子 i 角。至此水准仪的装校已全部完成。

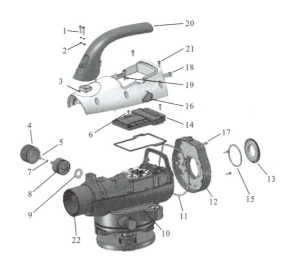

1,5,6,17,21—螺钉;2—垫圈;3—上壳组件;4—调焦手轮套;7—垫圈;8—调焦手轮;9—调焦尼龙垫;10—镜座;11—面板密封垫;12—面板整件;13—目镜罩;14—补偿器罩;15—目镜密封圈;16—水泡反光镜;18—测量线路板连接线;19—弹簧触点;20—提手;22—物镜罩。

图 3-19 总装

3.2.4 常见故障修理

1. 不能开机

①电池没电；

②电池触点接触不良；

③开关接触不良；

④主板损坏；

⑤连接线接触不良。

2. 不能测量或测量错误

①十字丝和 CCD 不同步或偏移；

②CCD 传感器线路板损坏；

③主板损坏；

④没有对准标尺；

⑤测量光线太亮或太暗或抖动。

3. 测量数据偏差大

①电子 i 角误差大；

②补偿器抖动；

③补偿器误差大。

3.3 数字水准仪的检校

影响数字水准仪测量精度的误差源比较多,既有来自光学自动安平水准仪的误差源,又有许多新的误差源。因此,对数字水准仪的检定,既要参照光学自动安平水准仪的检定方法,还要增加数字水准仪的检定项目,具体检定项目如下。

(1)圆水准器的检校(方法同微倾式水准仪)。
(2)望远镜分划板横丝与竖丝的垂直度(方法同微倾式水准仪)。
(3)补偿误差的检定(方法同自动安平水准仪)。
(4)光学 i 角的检定(方法同微倾式水准仪),如图 3-20 所示。

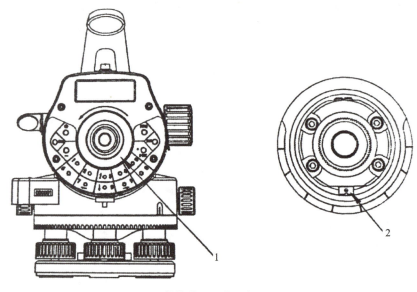

1—保护盖;2—校正螺丝。

图 3-20 光学 i 角检定

数字水准仪 i 角具有两个含义:一个是光学系统 i 角(简称光学 i 角),类似于自动安平水准仪的 i 角;另一个是光电系统 i 角(简称电子 i 角),它是经过物镜光心的水平入射光线与其经过补偿器到 CCD 传感器参考点的水平视准线之间的夹角,这就是数字水准仪机内所显示的 i 角。显然,这两个系统 i 角的含义是不一样的,互相之间没有关联。

(5)电子 i 角的检定(以天宇 DL-2007 数字水准仪为例)。

方法 1:

①两标尺相距约 50 m,在标尺中间 25 m 处架设仪器(图 3-21)。
②整平仪器。

检校步骤如表 3-2 所示。

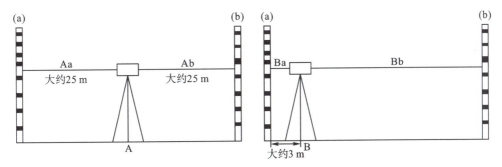

图 3-21　电子 i 角检定(a)

表 3-2　电子 i 角的检定步骤

操作过程	操作	显示
1.在菜单屏幕"检校模式"的提示下,按[ENT]	[▲]或[▼] [ENT]	主菜单　　　　　1/2 标准测量模式 线路测量模式 ▶检校模式
2.按[▲]或[▼]选择方法类型,然后再按[ENT]	[▲]或[▼] [ENT]	检校模式 ▶方法 A 方法 B
3.输入作业号,然后再按[ENT]	作业号 [ENT]	检校模式 作业? =>J01
4.输入注记1,然后再按[ENT]	注记1 [ENT]	检校模式 注记♯1 =>1
5.输入注记2,然后再按[ENT]	注记2 [ENT]	检校模式 注记♯2 =>2
6.输入注记3,然后再按[ENT]	注记3 [ENT]	检校模式 注记♯3 =>3

续表

操作过程	操作	显示
7.瞄准 a 点的标尺并按[MEAS],这时测量并显示 Aa	[MEAS]	检校模式　　方法 A 点:A　　标尺:a a←－－－－－A－－－－－b 按[MEAS]开始测量 检校模式　　方法 A 点:A　　标尺:a Aa 标尺:1.0567 m $N:3\delta=0.02$ mm
8.瞄准 b 点的标尺并按[MEAS],这时测量并显示 Ab	[MEAS]	检校模式　　方法 A 点:A　　标尺:b a－－－－－A－－－－→b 按[MEAS]开始测量 检校模式　　方法 A 点:A　　标尺:b Ab 标尺:1.0567 m $N:3\delta=0.02$ mm
9.将仪器移至 B 点,然后整平仪器,这时可以关仪器的电源,以节约电池的电量	[MEAS]	检校模式 C 方法 AV 移动 A－－－－－→B 重新安置仪器
10.瞄准 a 点的标尺并按[MEAS],这时测量并显示 Ba	[MEAS]	检校模式　　方法 A 点:B　　标尺:a a←－－－－－B－－－－－b 按[MEAS]开始测量 检校模式　　方法 A 点:B　　标尺:a Ba 标尺:1.0567 m $N:3\delta=0.02$ mm

续表

操作过程	操作	显示
11.瞄准 b 点的标尺并按[MEAS],这时测量并显示 Ab	[MEAS]	检校模式　　方法 A 点:A　标尺:b a————————A————→b 按[MEAS]开始测量 检校模式　　方法 A 点:B　标尺:b Bb 标尺:1.0567 m $N:3\delta=0.02$ mm
12.显示改正值,要继续校正,请按[ENT]	[MEAS]	检校模式　　方法 A 校准值 +0.0000 m(+0.1″) 存储[ENT]否[ESC]
13.按[ENT],显示 b 点的标尺读数	[ENT]	检校模式 方法 A 十字丝检校? 是:[ENT]　否:[ESC]
14.翻转 b 点的标尺读数,拆目镜护罩1,用拨针旋转目镜下方的十字丝校正螺钉2(此调整需要专业人士操作),如图 3-22 所示	[ENT]	检校模式 方法 A 十字丝检校? Bb 标尺:1.0567 m
15.瞄准标尺进行人工读数,上下移动十字丝,直至水平线与上述正确读数一致	[ENT]	
16.按[ENT],显示返回到检校菜单	[ENT]	主菜单　　　　　　1/2 标准测量模式 线路测量模式 ▶检校模式

注:a.要停止检校过程,只要在步骤1至11之间任何时候按[ESC]即可。

b.当显示错误信息时,按[ESC]继续检校过程。

方法2：

①如图3-22所示，将仪器安置三脚架上，并使脚架位于相距约45 m的两根水准尺之间的A处，A、B两点将两水准尺间的距离分成三个等份。

②整平仪器。

③检校步骤与方法A基本相同。

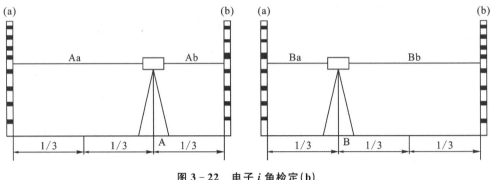

图3-22 电子 i 角检定(b)

注意：

(1)电子 i 角校正完后，再按常规的方法测 i 角，如在限差(光学 i 角 $i \leqslant 8''$，电子 i 角 $i \leqslant 15''$)范围内，可不校正，否则继续按以上步骤校正电子 i 角，直到合格为止。

(2)若经多次电子 i 角设置校正后，仍然出现 i 角不合格情况，这表明该仪器的CCD传感器位置已经发生了较大变化(大于仪器出厂前的允许值)，需要对电子 i 角的几何位置进行校正。从数字水准仪主机结构原理图中的光路可知，需要调整电子 i 角的几何位置，即CCD传感器的位置或改变补偿出射光线的主光轴方向，此时一般需要将仪器送生产厂家或仪器维修中心才能够解决。

本章小结

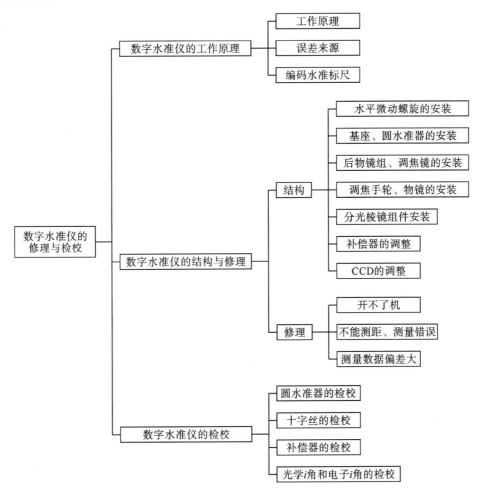

练习题

(1)数字水准仪的优缺点有哪些？

_____
_____
_____

(2)简述水平微动螺旋的安装步骤。

_____
_____
_____

(3)数字水准仪的误差来源有哪些?

(4)交叉误差的调整方法是什么?

(5)简述补偿器的调整方法。

(6)数字水准仪不能开机的原因有哪些?

(7)数字水准仪不能测量或测量错误的原因有哪些?

(8)简述电子i角的检定步骤(以天宇DL-2007数字水准仪为例)。

第 4 章　TDJ6 型光学经纬仪的修理与检校

主要内容

本章主要介绍了 TDJ6 型光学经纬仪的结构、修理和检校。详细介绍了光学经纬仪机械部分的维修和光学系统的调整。

知识目标

(1) 了解光学经纬仪的结构。
(2) 掌握光学经纬仪的检验与校正。
(3) 掌握光学经纬仪机械部分的修理。

能力目标

(1) 能独立检定光学经纬仪。
(2) 能调整长气泡和圆气泡。
(3) 能调整对点器。

思政目标

通过本章节的学习,养成爱护仪器的好习惯,培养一丝不苟的工作作风和勇于面对挫折、不怕困难的信念。

4.1　TDJ6 型光学经纬仪的结构

光学经纬仪是测绘仪器中重要的一类,虽然很多单位已经逐渐淘汰使用,但其很多原理是电子经纬仪及全站仪的学习基础,为了能够深入了解电子经纬仪和全站仪,掌握光学经纬仪的相关知识还是很重要的。本章以 TDJ6 型光学经纬仪为例,对光学经纬仪的原理及检测的内容进行简要介绍,为后续电子经纬仪和全站仪的学习打下基础。

4.1.1　TDJ6 型光学经纬仪的结构

TDJ6 型仪器的外貌如图 4-1 所示,其结构特点如下:
(1)竖盘光路中安装了 V 形吊丝自动归零组件(又称长摆补偿器)。
(2)在仪器基座部分的三角座和三角底板之间装有"a"防扭簧片,防止基座扭转。
(3)水平度盘及竖直度盘的制动微动螺旋,全装在照准部的同一侧,使用起来比较方便。
(4)装有光学对点器,克服了垂球对中精度较低的缺点。

4-1　TDJ6 光学经纬仪

4.1.2　主要技术指标(表 4-1)

表 4-1　主要技术指标

项目		参数
一测回水平方向标准偏差<室外>		≤±6″
一测回垂直角测量标准偏差<室内>		≤±10″
望远镜	放大倍数	28×
	物镜有效孔	40 mm
	视场角	1°30′
	最短视距	2 m
	视距乘常数	100
	视距加常数	0
	筒长	172 mm

续表

项目		参数
水准器	长水准器	30″/2 mm
	圆水准器	8′/2 mm
度盘和光学测微器	水平度盘分划直径	94 mm
	水平度盘分划值	1°
	竖直度盘分划直径	76 mm
	竖直度盘分划值	1°
	带尺分划值	1′
	带尺分划值估读至	0.1′
读数显微镜	水平系统放大率	68x
	垂直系统放大率	65.4x
竖盘指标自动补偿器	工作范围	±2′
	安置误差	±1″
光学对点器	放大倍数	3x
	视场角	5°
	调焦范围	0.5 m～∞
仪器净重		4.3 kg

4.1.3 仪器的光学系统

TDJ6 型光学经纬仪的光学系统如图 4-2 所示。光线由照明反光镜反射，进入毛玻璃后变成均匀而柔和的光线，然后分成两路：一路经转向棱镜折转，由聚光镜将光线集中，经照明棱镜折转照亮水平度盘，照亮后的水平度盘分划线通过显微物镜和转向棱镜后，成像在读数窗上；另一路经棱镜照亮竖盘分划线，经由照准校镜转向显微物镜，通过悬吊平板玻璃及棱镜折转后，成像在读数窗上。最后，带有三个影像的读数窗光线，经横轴棱镜转向后，由转像透镜成像在读数窗显微目镜的焦平面内，由显微目镜放大成被人眼所观察的虚像。

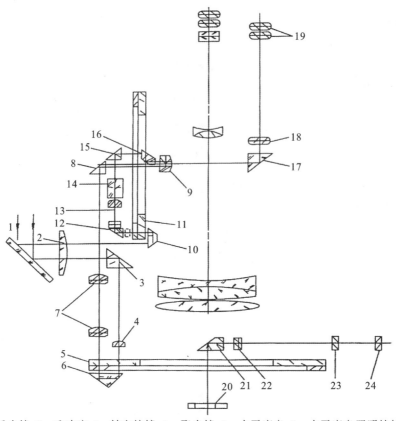

1—反光镜;2—毛玻璃;3—转向棱镜;4—聚光镜;5—水平度盘;6—水平度盘照明棱镜;
7—水平度盘显微物镜;8—水平度盘转向棱镜;9—读数窗;10—竖盘照明棱镜;11—竖盘;
12—竖盘照准棱镜;13—竖盘显微物镜;14—补偿器悬吊平板玻璃;15—竖盘转向棱镜;
16—菱形棱镜;17—横轴棱镜;18—转像透镜;19—读数显微目镜;20—对点器保护玻璃;
21—对点器转向棱镜;22—对点器物镜;23—对点器分划板;24—对点器目镜。

图 4-2 TDJ6 经纬仪的光学系统

TDJ6 型光学经纬仪的读数窗视场如图 4-3 所示。视场上方的水平度盘读数窗(图中以 H 表示)为浅绿色,以便于与竖盘读数窗(图中以 V 表示)的浅黄色区别。

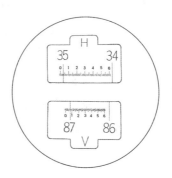

图 4-3 TDJ6 经纬仪读数窗

4.2 TDJ6 型光学经纬仪的修理

仪器在使用或运输过程中受到强烈的震动,或者仪器经过拆卸之后,往往会使光学读数系统受到一定的影响,以致在读数视场内出现各种各样不正常的影像。这时,就需要对零件的位置进行调整。在调整之前,检修人员必须先熟悉该仪器的光学系统,了解每个光学零件的作用,这样才能正确地判断出导致故障的光学零件,否则将会越调越乱。

4.2.1 仪器机械部分的维修

1. 望远镜的维修

1)望远镜系统的拆卸与装配(图4-4)

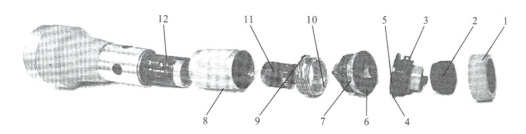

1—保护盖;2—目镜系统;3—调整螺钉;4,6—螺钉;5—接头座;7—连接座;
8—调焦筒;9—调焦螺钉;10—微动丝圈;11—调焦镜管;12—镜筒。

图 4-4 望远镜结构图

旋下保护盖,旋出目镜系统上面的固定螺钉后可旋出目镜系统,旋出四个螺钉,就可将接头座取下,此时就可以清洁分划板表面。旋下四个调整螺钉,可将分划板座从目镜接管中取下,清洗目镜管上螺纹的油污。旋下四个螺钉,可将连接座取下,对阿贝棱镜进行擦拭。旋出调焦筒,用改锥旋下调焦螺钉,可拆下微动丝圈和滑块。用航空汽油清洗调焦筒、调焦丝圈、调焦螺钉、滑块。用干净纱布沾少许航空汽油将调焦镜管里孔擦拭干净,注意不要将调焦镜管光学零件弄脏。将调焦镜管表面和镜筒里孔涂以适量的专用润滑油,然后将装好的调焦镜管装入镜筒,调整好调焦镜管开口处的弹性,使调焦镜管在镜筒里孔内舒适柔和地滑动,不得有紧涩和空回。将调焦丝圈套入镜筒并用调焦螺钉固定在调焦镜管上,并在螺纹和斜槽内涂以适量专用润滑油脂。将调焦筒螺纹上涂以润滑脂后旋入调焦丝圈,要求转动舒适柔和,不得有紧涩和空回现象。擦去多余的润滑油脂,顺序安装其余零部件。

2)常见故障排除

①望远镜调焦紧涩:主要原因是调焦镜管和望远镜配合面,调焦筒和微动丝圈之间,滑块与

望远镜筒的长槽配合面的润滑油干枯、流失或变质,或是从缝隙中进入灰尘。这时将望远镜拆开,用汽油将零件清洗干净,烘干后加上润滑油即可。

②目镜调节视度时,分划板十字丝有明显晃动:主要原因是目镜座与目镜接管的螺纹配合松旷。排除方法是将目镜座和目镜接管拆下来,把油污清除掉,加上黏度大的润滑脂即可。

③目镜调节紧涩:原因是润滑脂干枯、流失或灰尘侵入。只要将目镜部分拆开,进行清洗加油即可。

④2C变化显著:应拆下粗瞄器,检查固定望远镜的两个螺钉是否松动。

2. 换盘机构的维修

1)换盘机构的拆卸(图4-5)

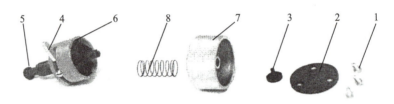

1—螺钉;2—盖板;3—大头螺钉;4—小板把;5—小齿轮;6—手轮座;7—手轮;8—弹簧。

图4-5 换盘机构结构图

用改锥旋下手轮端面上黑盖板的三个螺钉将盖板拆下,通过转动手轮端面的三个大孔可以看到三个螺钉,用改锥松动三个螺钉可以调整换盘机构的上下位置,排除齿轮啮合过松或过紧的状况。将三个螺钉拆下来,则整个换盘机构组件可以从下壳上拆下来。拆下大头螺钉,用手按下小板把,可将小齿轮从手轮座上拔出来,注意取下并保存好小销子和弹簧,此时可以清洗小齿轮、齿轮座和手轮、弹簧等零件。

2)常见故障排除

①换完度盘后,搬动小板把后手轮不能自动弹出:产生的原因是弹簧长期使用后弹力下降。排除方法是拆下盖板,旋下大头螺钉,拔出手轮,注意小销子不要丢,取下弹簧,用手把弹簧拉长一点,增大弹力,恢复好后手轮会恢复自动弹出的性能。

②换盘手轮啮合紧涩或松旷,不易对零:拆下手轮盖板,通过手轮端面的圆孔用改锥松开三个螺钉,如手轮转动紧涩则一边向下压一边旋紧螺钉,如松旷则反之,直到转动舒适为止。如上述方法仍不能解决,可将换盘机构清洗换油。

3. 制微动机构的维修

(1)水平制动机构的拆卸(图4-6):用改锥旋松螺钉,将水平制动扳把从固定螺钉上拔出,旋下固定螺钉,取下簧片,旋松螺钉,然后将固定挡头从水平固定器上旋下,至此制动机构外面部分拆卸完毕。

（2）垂直制动机构的拆卸（图4-7）：松开螺钉，将制动扳把拧下来，取下右挡板，再取下防尘板和弹簧，拆下微动手轮和弹簧库，用改锥伸进司母库上的四个孔内，将四个螺钉旋下来以后可拆卸制动环大部分（图4-8），然后旋松限位螺丝，可进一步旋下司母库，从司母库上旋下制动螺丝，此时可从微动架上取下固定簧片、固定轴柄、固定摩擦板和固定涨圈，至此，垂直制动机构拆卸完成，可进行清洗加油和排除故障。

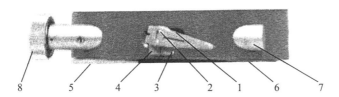

1—螺钉；2—固定螺钉；3—螺钉；4—固定挡头；5,6—顶丝；7—压簧座；8—微动手轮。

图4-6 水平制动机构

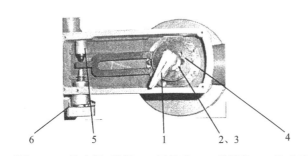

1—螺钉；2,3—防尘板、弹簧；4—司母库；5—弹簧库；6—微动手轮。

图4-7 垂直制动机构

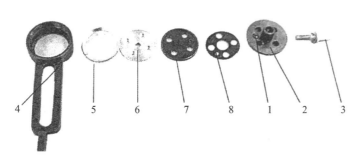

1—限位螺丝；2—司母库；3—制动螺丝；4—微动架；5—固定涨圈；6—摩擦板；7—固定轴柄；8—固定簧片。

图4-8 竖直制动结构图

3）制动机构故障的排除

制动扳把在制动位置时，起不到制动作用。

①制动扳把上的螺钉松动：排除方法是用改锥先旋转制动螺丝使照准部或横轴制动，然后将扳把旋到制动位置，再旋紧螺钉即可。

②水平固定挡头变位:此时只要将固定挡头重新旋到正确位置,再旋紧螺钉即可。

③制动扳把旋松时照准部和横轴仍被制动或制动紧:一种原因是扳把上螺钉松动,造成扳把空转打滑,应旋紧扳把上的螺钉。另一种原因是水平制动垫片变形或卡住致使扳把旋松后,顶棍退出,而制动垫片弹不回来,仍然与轴座摩擦制动。此时只要将制动机构和竖轴系拆卸,修理制动垫片,清洗加油后重新装复即可。

4)微动机构的维修

(1)水平微动机构拆卸。

水平微动机构和垂直微动机构基本一样,只是个别零件形状大小不一样。

①用改锥旋松顶丝,用手握住微动座,将微动手轮组整个拆下。

②用改锥旋松顶丝,将压簧座旋下来,取出弹簧套和弹簧,此时可进行清洗加油。

(2)微动机构故障的排除。

①微动座松动:用改锥将顶丝顶紧即可。

②微动手轮在微动过程中出现跳跃现象,将顶簧库组拆卸下来,把弹簧、弹簧套、弹簧座清洗加油。

③微动螺旋转动紧涩:将微动手轮组拆卸下来,进行清洗加油即可。

4. 光学对点器的维修

1)光学对点器的拆卸(图4-9)

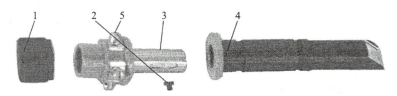

1—目镜帽;2,5—螺钉;3—调焦管;4—物镜。

图4-9 光学对点器结构图

旋松支架上紧固对点器的两个顶丝,可将光学对点器从仪器上取下,此时可进行棱镜的擦拭。旋下目镜帽和螺钉可进行目镜、分划板、物镜的擦拭。

2)光学对点器故障的排除

①对点器成像不清晰:擦拭光学透镜和棱镜表面的油污、灰尘。

②调焦管和目镜座运动紧涩:调焦管里外拉动调焦时,感觉很紧,主要原因是缺乏润滑,将调焦管拆下后,清洗加油即可。

③目镜座螺纹松旷:目镜座调节视度时感觉松旷造成十字丝晃动严重,此时旋下目镜座和调焦管,将目镜座清洗干净后加上黏度较大的润滑油即可。

④对点器误差超差:当检查对点器在 $0.8\sim1.5$ m 范围内对点误差超过 1 mm 时,需要调整

四个调整螺钉使光学对点器对中。

5.竖轴系统的维修

1)竖轴的拆卸(图4-10)

1—度盘;2—弹性挡圈;3—螺钉;4—中轴;5—轴座;6—钢珠;7—内轴。

图4-10 竖轴结构图

①拆下水平制动和微动机构(见制微动机构的维修)。

②拆下换盘机构(见换盘机构的维修)。

③旋开基座的强制中心手柄,将仪器照准部和基座脱开。

④将照准部倒立放置(注意自动补偿器应处于锁紧状态),使下壳朝上,旋下连接下壳和支架的四个长螺钉,如果螺钉空处填有密封蜡,应先将密封蜡除掉再旋下螺钉。

⑤照准架倒放,一手扶好照准架,一手握住轴座,轻轻向上拔,可将下部从照准架的内轴拔出来,拆开下部时,一定要倒放下壳向上拔,因为内轴和中轴上端有23个钢珠支撑,向上拔下壳可以防止钢珠失落。

⑥拆卸内轴:下壳部分拆下后,将内轴根部的23个钢珠取下来,用汽油清洗后保存在器皿中,接着拆卸内轴,照准架仍然倒放,用改锥旋下固定内轴与支架的四个螺钉,拔出内轴,从拆下的下部中将下壳拆走,此时就可以清洁度盘了。

⑦水平度盘组的拆卸:将中轴上部的弹性挡圈拆下,用手将水平度盘组从中轴上拔出来。

⑧中轴的拆卸:水平度盘组拆下来后,可接着拆卸中轴,旋下螺钉,将中轴从轴座的孔中拔出来。进行清洗和排除故障。

⑨底罩组的拆卸:用活动扳手将底罩组从轴座上旋下来。

2)竖轴故障的排除

(1)照准架转动紧涩的故障排除。

引起照准架转动紧涩的原因:

①内轴和中轴的润滑油流失和干涸,或油污过多。

②内轴和中轴配合间进入灰尘。

③低温下润滑油黏度变大。

④制动机构润滑油脂干涸,制动片变形或卡住,摩擦轴座。

⑤下壳丝圈摩擦轴座。
⑥钢珠处的润滑油在高温时，流失到圆柱表面上。
⑦竖轴变形。

由①、④、⑥三种原因引起的竖轴转动紧涩，只要按上述步骤将内轴和中轴拆下来，用高级汽油清洗干净，干燥后重新加上 T5 号润滑油即可。在低温下竖轴转动偏紧的现象一般在使用中华表油时发生，而仪器使用 T5 号油时转动紧涩的现象不太明显。由制动垫片失灵的原因引起的竖轴紧涩，需将制动组件拆卸后检查制动片的变化，如果是制动垫片卡住，则修刮一下毛刺即可。如果是垫片变形，则需先整一下形，观察效果，如果不行需要更换新的制动垫片，再安装即可解决。如果是制动器的微动环润滑油干涸或油污过多，则将制动器部分拆除后，进行清洗加油即可。由于下壳丝圈松动，造成丝圈与轴座摩擦，引起照准架转动紧涩时，先将照准架与基座脱开，用改锥松下壳丝圈的顶丝（在换盘轮下面），用活动扳手将丝圈逆时针旋转，直至合适位置，再顶紧顶丝。这里值得注意的是，丝圈也不宜旋得太靠下，否则密封性不好，易进灰尘。顶丝要旋紧，防止丝圈松动。由于内轴或中轴变形引起的转动紧涩，可将竖轴拆下来，检查一下变形部位，然后用研磨杆或研磨套加上少许氧化铬研磨剂，进行轻度研磨，修整竖轴时要注意研几下就要清洗干净加油试试转动情况，切不可大意，以防止过量而松旷。研好后再加润滑油使内轴和中轴对研，然后抛光好，清洗干净加油装好。

(2) 内轴卡死的故障排除。

竖轴严重变形、摔损、进入灰尘或锈蚀都会造成内轴卡死、在中轴内照准架转不动的故障。当把下壳的四个螺钉旋下后，照准架上的内轴从中轴孔里拔不出来，这是比较严重的故障。排除这种故障比较费劲。第一步需要把内轴从中轴里拔出来，检查造成竖轴卡死的具体原因。如果竖轴是由变形引起的卡死，则应按上面介绍的研磨方法对变形的部位进行修整，直到转动舒适为止，当然也要注意应边修边试验，防止松旷。如果竖轴是由于进入脏东西造成卡死，则把竖轴拆下后，将轴清洗干净，将轴表面上的划痕、研痕用油石或金钢砂纸彻底打光，完成后清洁加油装复即可。

(3) 度盘套轴转动紧涩的故障排除。

引起度盘套轴转动紧的原因及排除方法与内轴转动紧涩的原因及排除方法基本一样。

(4) 竖轴松旷的故障排除。

竖轴松旷会引起水平盘读数点变，使水平角测量精度下降。它主要是由内轴和中轴配合表面间隙过大、椭圆度过大，或钢珠直径不等、钢珠滚道研损造成的。如果钢珠有损坏或直径不等，应重新更换一组钢珠。钢珠应是一级以上精度，要经过严格的挑选。切不可随便找一个钢珠来替代损坏和丢失的钢珠。如果是中轴锥面的滚道被磕碰出凹坑而严重受损，则可以更换一组直径稍大的钢珠，如 $\phi 3.5$ 的，以便躲开原来的轨道。如果内轴和中轴下部的圆柱配合面因磨损而松旷，则只有更换一套新的竖轴才可以排除故障。

6. 横轴的维修

(1) 横轴的拆卸。

拆下粗瞄准器,将望远镜从横轴上拆下来,然后把读数管从横轴上拆下来,最后把横轴棱镜组从横轴接轴内拆出来。

(2) 横轴竖盘一侧的拆卸(图 4-11)。

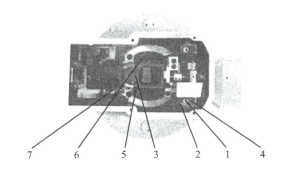

1,5—螺钉;2—固定架;3—活动架;4—固定螺钉;6—带尺组;7—垂直物镜座组。

图 4-11 横轴左侧结构图

①旋下六个固定螺钉将左挡板组拆下来。

②将自动补偿器部件拆卸下来,方法和步骤如下:

补偿器部件拆卸,将专用胎板(图 4-12)上的四个小孔对准补偿器固定架上的四个 M2 螺孔,用四个 M2 螺钉将固定架和活动架固定在胎板上,再用改锥通过两个大孔旋下固定架上的两个固定螺钉,此时就可以平直地取下整个补偿器。要小心别碰到吊丝。如果自动补偿器部件本身没有毛病,则将补偿器连同胎板一起放在器皿中保存好,如有毛病则需要进一步拆卸。

图 4-12 补偿器专用胎板

③读数窗组部分的拆卸:旋下四个螺钉,取下棱镜与带尺组。

④垂直物镜座的拆卸:旋下两个螺钉,拆下垂直物镜座组,至此横轴的竖盘一侧拆卸完毕。

(3) 横轴右面部分的拆卸,横轴右面内腔里只有制微动机构。

(4)将横轴系统从支架上拆下来方法和步骤(图 4-13):

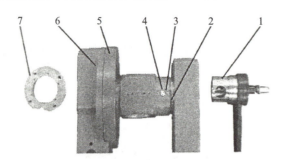

1—接轴;2—修正圈;3—螺钉;4—顶丝;5—竖盘壳;6—固定螺钉;7—左支撑。

图 4-13　横轴系统结构图

①旋下垂直盘壳的四个固定螺钉。

②旋下两个顶丝,旋下两个螺钉,一手扶住横轴,一手将接轴拔出,并取下横轴修正圈。

③用手握住横轴并往右边平移,至横轴左边脱出左支撑,则可将横轴连同垂直度盘和度盘壳拆下来。

④旋下四个螺钉,做好装配记号,拆下左支撑。

⑤右轴承一般不要拆下来,以保留一个装配基准,至此横轴拆卸完毕。

(5)横轴故障的排除。

①横轴转动紧涩或卡死故障的排除:横轴转动紧涩是由于润滑油流失、干涸或油腻太多造成的,可将横轴拆下,清洗干净,重新上油,装调起来即可恢复横轴的舒适运转。

②进入脏东西:轴配合面被研坏,严重者被划成一圈沟槽。先将横轴和轴承用汽油清洗干净,然后加真空油对研,研磨时不要使用研磨剂,因为研磨剂会扩大横轴间隙,对研后,用干净纱布抛光,加上润滑油再装复调整好。

③横轴或轴瓦变形,横轴转动时松紧不一致,甚至卡死:这时可将横轴拆下,判断是横轴变形还是轴瓦变形,如果是轴瓦变形则用研磨杆加上氧化铬进行研磨,如果横轴变形则用研磨套加上氧化铬进行研磨,单独研磨后再加上真空油对研,直至转动舒适。

④横轴旷动故障的排除:横轴旷动会引起读数点变,这往往是横轴修切圈厚度被磨损引起的,此时可将右轴承拆下来,取下修正圈,更换新的即可。

4.2.2　仪器光学系统的调整

1. 竖盘光学系统的调整

在读数视场中,如果竖盘分划线影像过长、过短或歪斜时,可松开两个固定螺丝,调整竖盘的转向校镜;如果竖盘分划线影像存在行差或视差,需松开竖盘显微物镜的两个固定螺丝进行调整。

2. 水平度盘光学系统的调整

在读数视场中,如果水平度盘分划线影像过长、过短或歪斜,可松开两个固定螺丝,调整水平度盘的转向棱镜;如果水平度盘分划线影像存在行差或视差,可松开水平度盘显微物镜的两个固定螺丝进行调整。

3. 竖盘指标自动归零补偿器的调整

1)自动归零补偿器的构造

博飞 TDJ6 型的竖盘指标自动归零装置采用了 V 形吊丝式长摆补偿器。它的特点是具有良好的抗高频振动能力。该补偿器悬吊的光学零件是一块平板玻璃,平板玻璃被置于竖盘的成像光路中。当仪器倾斜一小角 a 时,由于悬吊的平板玻璃也产生倾斜,使竖盘的分划影像相应产生移动,从而使望远镜视线水平时的竖盘读数仍为 90°,达到了竖盘指标自动归零的目的。

整个补偿器安装在仪器的左支架内,它的构造可以从图 4-14 中清楚地看出:悬吊组件的最下部是一块平板玻璃,上部是空气阻尼器。

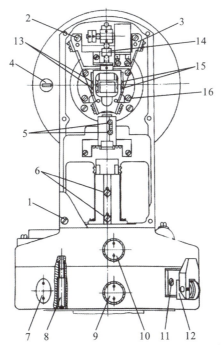

1—固定护盖螺丝;2—V 形架固定螺丝;3—V 形架;4,7,9,10—堵盖;5—竖盘显微物镜固定螺丝;
6—水平度盘显微物镜固定螺丝;8—水平度盘护壳底部螺丝;11—复测卡固定螺丝;12—复测卡;
13—竖盘转向棱镜固定螺丝;14—补偿器调节螺母;15—水平度盘转向棱镜固定螺丝;16—固定螺丝。

图 4-14 左支架内部结构

TDJ6 型经纬仪的补偿器还设有锁紧装置,能防止仪器受外力冲击时震断吊丝。在使用前，必须先松开锁紧装置。方法是逆时针方向转动锁紧手轮，使锁紧手轮上的色点对准支架上的黑点。使用完毕后，应转回手轮对准原来的红点，使补偿器仍处于锁紧状态。

2) 自动归零补偿器的调整

竖盘指标自动归零补偿器的作用正确与否，可以用下述方法进行检查：

将仪器安置于三脚架上，整平后，用望远镜在任意一个脚螺旋的方向上瞄准一个目标，读取竖盘读数。然后转动这一脚螺旋，使仪器在视线方向倾斜约 $2'\sim3'$（补偿范围以内），用望远镜再瞄准此目标，这时的竖盘读数应和原来的读数相同。如读数有变化，则说明补偿不正确，需要调整。对于 TDJ6 型经纬仪补偿器的调整，可以通过对螺母进行向上或向下的调节，以改变活动组件的重心位置。

3) 竖盘读数指标差的调整

竖盘读数指标差如超限就需调整。此项调整工作的原理是在竖盘的成像光路中设置一块可供调整用的平板玻璃。转动此平板玻璃，能使竖盘的影像产生移动，改变竖盘的起始读数，从而达到调整竖盘指标差的目的。

调整时，先旋下左支架一侧的一个小盖板，即可看到里面有上下两个调整螺丝。用改正针按"松—紧—"的方法来拨动两螺丝，即能达到调整指标差的目的。

当指标差超限过大，用上述方法还不能完全调整过来时，可通过调整望远镜十字丝分划板横丝的上下位置来校正竖盘指标差。

4. 度盘的清洁

当水平度盘需要清洁时，可旋下靠仪器左支架下部的两个堵盖，当需要竖盘清洁时可旋下堵盖及另面的一个堵盖，然后用棉签蘸少量酒精或乙醚伸入孔内清洁。

4.3 TDJ6 型光学经纬仪的检校

与水准仪相同，经纬仪的设计和制造不论如何精细，各主要部件之间的关系也不可能完全满足理论要求。另一方面，在仪器使用过程中，由于振动、磨损和温度变化的影响，也会改变各部件之间的正确关系。因此，应在使用仪器之前，必须对仪器进行检验和校正。本节介绍经纬仪的几项一般性的调整与校正内容。

4.3.1 经纬仪的主要轴线及应满足的几何条件

经纬仪在结构上比水准仪复杂得多。如图 4-15 所示，不管是什么精度等级、什么结构形式的经纬仪，都必须具备照准部管水准器轴 LL、仪器旋转轴（竖轴）VV、望远镜视准轴 CC、望远镜旋转轴（横轴）HH。各轴线之间应满足的几何条件如下：

(1)照准部管水准轴应垂直于仪器竖轴,即 LL⊥VV;
(2)望远镜视准轴应垂直于横轴,即 CC⊥HH;
(3)横轴应垂直于竖轴,即 HH⊥VV;
(4)十字丝竖丝应垂直于横轴。

除以上条件外,经纬仪竖盘指标差应为零,光学对中器的视准轴与仪器的竖轴应重合。

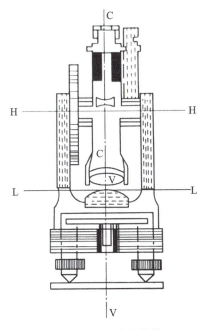

图 4-15　经纬仪轴线

4.3.2　光学经纬仪的校正

1.照准部水准管轴垂直于仪器竖轴的检验与校正

水平度盘是否处在水平位置,是由竖轴是否铅垂来保证的。而竖轴是否处在铅垂位置,又是根据照准部水准管气泡是否居中来间接指示的。照准部水准管能否起到这个间接的作用,取决于水准管轴是否垂直于竖轴。若此条件不满足,当照准部水准管气泡居中时,仪器竖轴不竖直,水平度盘也不水平。

1)检验

①将仪器安置在三脚架上,松开水平制动螺旋,转动仪器使管水准器平行于某一对脚螺旋 A、B 的连线(图 4-16)。再旋转脚螺旋 A、B,使管水准器气泡居中。

②将仪器绕竖轴旋转 90°(图 4-17),再旋转另一个脚螺旋 C,使管水准器气泡居中。

③再次旋转 90°,重复①、②,直至在这两个方向上的长气泡居中。

④以 A、B 连线为基准,转动仪器 180°,看长气泡是否居中,如果居中,说明长气泡是好的,

如不居中,则要调整,限差要求不超过长气泡的 1/2 格。

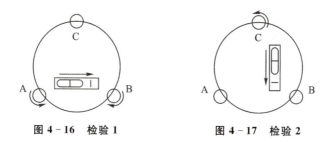

图 4-16 检验 1　　　　图 4-17 检验 2

2) 校正

① 在检验时,若长水准器的气泡偏离了中心,先用与长水准器平行的脚螺旋进行调整,使气泡向中心移近一半的偏离量。剩余的一半用校正针转动水准器校正螺丝(在水准器右边)进行调整。

② 将仪器旋转 180°,检查气泡是否居中。如果气泡仍不居中,重复①步骤,直至气泡居中。

③ 将仪器旋转 90°,用第三个脚螺旋调整至气泡居中。

重复检验与校正步骤直至照准部转至任何方向气泡均居中。

2. 十字丝竖丝垂直于横轴的检验与校正

野外测角时,经常用到的是十字丝竖丝,因此,检校时往往只检校竖丝是否铅垂。

1) 检验方法

野外常用的检验方法有两种:

① 将仪器整平后,用竖丝的上端或下端精确瞄准远处一明显的目标点 A,固定水平制动螺旋和望远镜制动螺旋,转动望远镜微动螺旋使望远镜上仰或下俯,如果目标点始终在竖丝上移动,说明条件满足,如图 4-18(a) 所示;否则,需要校正,如图 4-18(b) 所示。

② 在离仪器 20～30 m 处,用一根直径为 0.5～1.0 mm 的细线或金属丝,悬吊一垂球,待垂球稳定后,将竖丝与垂球线进行比较。若二者重合,说明条件满足;否则,需要校正(注意,此时竖轴要严格铅垂)。

2) 校正方法

与水准仪横丝垂直于竖轴的校正方法相同,但此时应使竖丝竖直。取下十字丝环的保护盖,轻微旋松十字丝环的四个固定螺丝,转动十字丝环,如图 4-18(c) 所示,直至望远镜俯、仰时竖丝与点状目标始终重合(或竖丝与垂球线重合)。最后,拧紧各固定螺丝,并旋上保护盖。

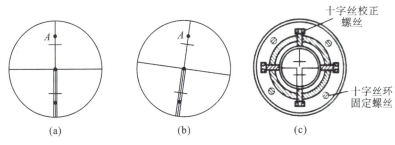

图 4-18 十字丝竖丝检校

3. 视准轴垂直于横轴的检验与校正

若视准轴不垂直于横轴,当望远镜绕横轴旋转时,视准面不是一个平面,而是圆锥面。视准轴不垂直于横轴时,其偏离垂直位置的角度称为视准轴误差,用 C 表示。

对于双指标读数仪器,由于采用对径分划符合读数设备,可以有效消除水平度盘偏心差的影响。而对于单指标读数仪器,读数中包含水平度盘偏心差的影响。因此,应分别采用盘左、盘右瞄点法和四分之一法,进行双指标读数仪器和单指标读数仪器的视准轴垂直于横轴的检校。

1) 盘左、盘右瞄点法

检验时,在地面一点安置经纬仪,远处选定一个与仪器大致同高的明显目标点 A,盘左瞄准 A 点,得水平度盘读数 $a_左$;盘右瞄准 A 点,得水平度盘读数 $a_右$,若 $a_左 = a_右 \pm 180°$,说明条件满足,否则应按式 $2C =$ 盘左读数 $-$(盘右读数 $\pm 180°$)计算出 C。对于 DJ6 经纬仪,若 $|C| > 10''$,则需进行校正。

校正时,在盘右位置调节照准部微动螺旋使水平盘读数为 $a_右 + C$,此时十字丝交点已偏离目标点 A。取下十字丝环的保护盖,通过调节十字丝环左右两个校正螺丝,一松一紧,使十字丝交点重新照准目标点 A。反复检校,直至 C 值满足要求。最后,拧紧各固定螺丝,并旋上保护盖。

2) 四分之一法

如图 4-19(a)所示,在平坦地面上选择相距 60~100 m 的 A、B 两点,将经纬仪安置在 A、B 连线的中点 O 处,在 A 点设置一个与仪器大致同高的标志,在 B 点与仪器大致同高处横置一支有毫米刻度的直尺,并使其垂直于直线 OB。盘左瞄准 A 点,固定照准部,倒转望远镜在 B 点横尺上用竖丝读得读数 B_1;盘右瞄准 A 点,固定照准部,倒转望远镜在 B 点横尺上读得 B_2,如图 4-19(b)所示。若 B_1、B_2 两点重合,说明条件满足,否则需要校正。

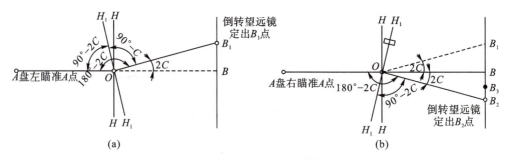

图 4-19 视准轴误差检校

由图 4-19 可知,若仪器至横尺的距离为 D,则可写成

$$C = \frac{|B_2 - B_1|}{4D} \times \rho$$

校正时,在横尺上由 B_2 点向 B_1 点量取 $\frac{1}{4} B_1 B_2$ 的长度定出 B_3 点的位置,取下十字丝的保护盖,通过调节十字丝环的左右两个校正螺丝,使十字丝交点对准 B_3 点。反复检校,直至 C 值满足要求为止(对单边读数的仪器,用这种方法校正更准确,它消除了度盘偏心差的影响)。

4.横轴垂直于竖轴的检验与校正

横轴不垂直于竖轴,其偏离正确位置的角度称为横轴误差。若仪器两边的支架不等高,或仪器横轴两端的直径不相等,就会使横轴的中心线不处于水平位置,此时仪器存在横轴误差,当竖轴竖直时,纵转望远镜,视准面不是一个竖直面,而是一个倾斜面。在竖轴不转动的前提下,望远镜所瞄准的目标的高度不同,所得的水平方向值也不相同,这样,就产生了测量中的方向误差。

1)检验方法

如图 4-20 所示,在墙面上设置一明显的目标点 M,在距墙面 20~30 m 处安置经纬仪,使望远镜瞄准目标点 M 的仰角在 30°以上。盘左瞄准 M 点,固定照准部,读取竖盘读数 L,然后放平望远镜,使竖盘读数为 90°,在墙上定出一点 m_1。盘右位置瞄准 M 点,固定照准部,读得竖盘读数 R,放平望远镜,使竖盘读数为 270°,在墙上定出另一点 m_2,若 m_1、m_2 两点重合,说明条件满足。横轴不垂直于竖轴所构成的倾角按下式计算:

$$i = \frac{m_1 m_2 \rho}{2D} \times \cot\alpha$$

式中,α——M 点的竖直角,通过瞄准 M 点时所得的 L 和 R 算出;

D——仪器至 M 点的水平距离。

当计算出的横轴误差 $i > 20''$ 时,必须校正。

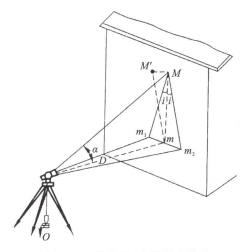

图 4-20 横轴垂直于竖轴的检校

2）校正方法

如图 4-20 所示，瞄准墙上 m_1、m_2 两点的中点 m，再将望远镜上仰。此时，十字丝交点必定偏离 M 点而照准 M' 点，打开仪器的支架护盖，通过调节横轴一端支架上的偏心环，升高或降低横轴的一端，移动十字丝交点精确照准 M 点。由于横轴是密封的，故校正应由专业维修人员进行。

5. 竖盘指标差的检验与校正

1）检验方法

安置好经纬仪，用盘左、盘右分别瞄准大致水平的同一目标，读取竖盘读数 L 和 R（注意读数前先打开补偿器），按式 $I = \frac{1}{2}(L + R - 360°)$ 计算出指标差 I。对于 TDJ6 经纬仪，当 $|I| > 10''$ 时，应进行校正。

2）校正方法

盘右位置转动垂直微动螺旋使竖盘读数对准正确读数 $R - I$。此时望远镜十字丝偏离原目标，转动望远镜十字丝的改正螺旋，使十字丝横丝上下移动，直到照准原观测目标为止。

此项检校需反复进行，直到 I 在规定范围内为止。

6. 光学对中器的检验与校正

光学对点器由物镜、分划板和目镜组成。分划中心用以照准标志，它与物镜光心的连线就是对点器的视准轴。当对点器整置不正确时，其视准轴与仪器竖轴不相重合而发生偏斜，为仪器对中带来误差。

边长愈短，仪器置中偏差对方向观测值的影响愈大，方向不同影响大小也不同，由两方向组成的角度也不能消除其影响。所以必须对对点器进行经常的检验与校正。

1) 检验方法

对于光学对点器装在照准部上的经纬仪来说,先置仪器于三脚架上,基本固定后,将仪器大致整平(不一定要严格整平),通过旋转目镜,把分划圈看清楚,再轴向移动整个目镜筒,看清楚地面上的目标。移动仪器或目标,使被对中的目标位于分划圈的正中央。将照准部旋转180°(对光学对点器装在基座上的经纬仪,可将仪器平放或倒立,使照准部不动,而使基座转动180°)。目标若偏离中心,说明视准轴与竖轴中心线不重合,若偏离量超出1 mm,应进行校正。

2) 校正办法

通过调整对点器的校正螺丝,调整目标偏离量的一半,反复几次后,直至照准部转到任何位置观察时,目标都处在分划圈的中心。

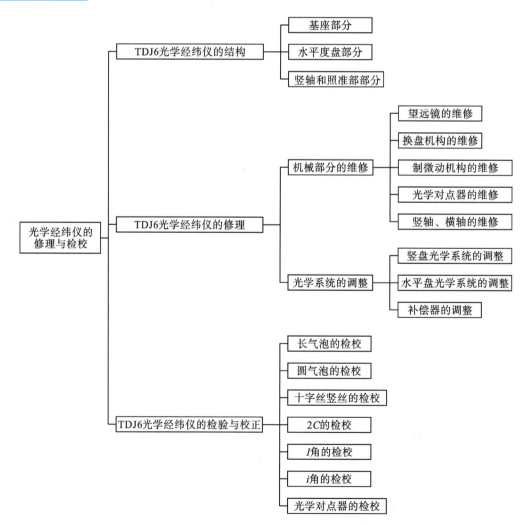

练习题

(1) TDJ6型光学经纬仪的结构特点是什么?

(2) 望远镜的常见故障有哪些?怎样排除?

(3) 光学经纬仪制动机构的故障有哪些?怎样排除?

(4) 光学对点器的故障有哪些?怎样排除?

(5) 自动归零补偿器的调整方法是什么?

(6) 经纬仪的主要轴线有哪些?应满足的几何条件是什么?

(7) 简述望远镜视准轴垂直于横轴的检验与校正方法。

(8) 简述竖盘指标差的检验与校正方法。

(9)简述光学对中器的检验与校正方法。

第5章 电子经纬仪的修理与检校

主要内容

本章讲述了电子经纬仪的原理、修理和检校。重点讲述电子经纬仪的整机检测、机械故障和测角故障的修理。电子经纬仪利用微型计算机技术实现测量自动计算、存储和显示等功能。它可以与测距仪、电子手簿相结合组成组合式电子速测仪。能自动修正仪器误差,可以完成角度、距离等多种模式的测量。

知识目标

(1) 了解电子经纬仪的工作原理。
(2) 掌握电子经纬仪的检验与校正。
(3) 掌握电子经纬仪机械部分的修理。

能力目标

(1) 能独立检定电子经纬仪。
(2) 能判定角度测量的故障。
(3) 能判定不开机的原因。
(4) 能修理基座的故障。
(5) 会进行指标差、视准差、补偿器零点差设置。

思政目标

通过本章节的学习,进一步了解测绘仪器的发展历程,增强民族自豪感和主人翁意识,培养分析问题和解决问题的能力,激发勤于思考、积极探索的精神。

5.1 电子经纬仪的原理

电子经纬仪不仅可以同时显示出水平角、垂直角的测量结果数值,还可以与测距仪、电子手簿相结合组成组合式电子速测仪,能显示、记录角度、距离数值,能自动修正仪器误差,可以完成角度、距离等多种模式的测量。电子经纬仪可用于控制测量,也可用于矿山、铁路、水利等方面的工程测量和地形测量。

维修电子经纬仪,应首先了解产品的工作原理、性能、基本结构、保养等知识,同时应具有一定的测量仪器维修经验,具有电路基本知识及常用电子测试设备的使用经验(如:示波器、电压表、稳压电源等),学会怎样检查、调整和维修仪器,一般从以下三个方面来了解:

(1)仔细阅读产品使用说明书,初步检查仪器,了解仪器的性能、基本结构及常规校正方法,有些问题在不拆机的情况下是可以解决的。

(2)仔细检查仪器,包括整机检查和拆机电信号检查,确定故障原因。

(3)根据检查的结果,对仪器进行调试及修理。调试及修理后,应检校仪器各项指标及功能是否正常。下面以博飞DJD2-C电子经纬仪为例介绍电子经纬仪的修理与检校。

5.1.1 工作原理

1.测角部分

测角部分采用电子测角技术,并结合单片机,实现了测角操作程序的自动化。测角系统主要由模拟角度测量系统和数字角度测量系统组成。模拟角度测量系统采用径向圆光栅度盘,利用莫尔条纹测量技术,将光栅莫尔条纹光信号转变为电信号,电信号经放大后,进入数字角度测量系统,转变为脉冲信号,经细分、处理、计算,最后将角度数值显示在液晶显示器上。

2.功能软件

博飞DJD2-C电子经纬仪使用微型计算机技术实现了测量自动计算、存储和显示等多种功能。它可以同时显示出水平角、垂直角的测量结果数值,也可以与测距仪、电子手簿相结合组成组合式电子速测仪,显示、记录角度、距离数值。能自动修正仪器误差,可以完成角度、距离等多种模式的测量。还可以选择各种应用测量程序,实现各种测量功能(放样、后方交会、面积计算、悬高测量、对边测量、直线放样、偏心测量等)。

对内存中各种文件、已知点数据、特征码等进行各种操作(输入、输出、删除等管理工作)。

3.测角电路电信号介绍

电子经纬仪测角部分由水平测角和垂直测角两部分组成。水平测角部分为对径读数(两个传感器),垂直测角部分为单径读数(一个传感器),每个传感器输出两路正弦波,在主电路上经进一步调整及处理,作为测角基本信号,该信号是电子测角的原始信号(六路正弦波),直接影响测角的结果,因此对该波形要求较高,应精确调整。垂直测角部分增加一路过零脉冲,测角电路要相应调整过零电压信号。

4. 仪器各部件名称（图 5-1、图 5-2）

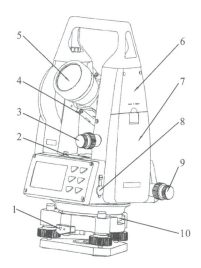

1—基座锁紧扳把；2—长水准器；3—垂直制微动手轮；4—粗瞄准器；5—物镜组；
6—右挡板；7—电池盒；8—RS-232C 通信接口；9—水平制微动手轮；10—定位块。

图 5-1 电子经纬仪

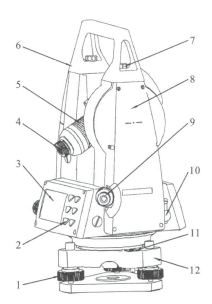

1—基座脚螺旋；2—按键；3—显示器；4—目镜组；5—调焦手轮；6—提把；7—提把固定螺丝；
8—左盖板；9—对点器；10—通信接口（用于 EDM）；11—圆水准器；12—基座。

图 5-2 电子经纬仪

5.1.2 技术指标（表 5-1）

表 5-1 技术指标

项目		参数
仪器型号		DJD2-C
望远镜	镜筒长度	155 mm
	物镜孔径	45 mm
	放大倍率	30x
	成像	正像
	视场角	1°30′
	鉴别率	2.5″
	最短视距	1.3 m
	乘常数	100
	加常数	0
电子测角	测量方式	光栅增量式
	液晶显示器	LCD、双面
	最小读数	1″/5″/10″
	精度	2″
	度盘直径	71 mm
照明	液晶显示器	有
	光学分划板	有
补偿器	电子倾斜传感器	垂直角补偿
	补偿范围	±3′
	最小读数	1″/5″
对点器	放大率	3x
	视场角	5°
	调焦范围	0.5 m~∞
水准器	长水准器	30″/2 mm
	圆水准器	8′/2 mm
电源工作时间	可充电电池	25 h
仪器重量		4.8 kg

5.2 电子经纬仪的维修

5.2.1 整机检测

(1)检测按键功能是否正常。

(2)检测测角是否跳数：

①整平仪器,开机,过零,观测一远点 A,记录垂直角度及水平角度值,多次转动竖轴、横轴、反复观测 A 点,并读取垂直角度及水平角度值,变化不应超过 $5''$。

②微调水平及垂直手轮,观察水平及垂直角示值是否顺序变化,若出现异常,说明水平或垂直角度存在跳数问题。

(3)检测左右旋增量是否正确。

(4)检测不同方向过零情况：

整平仪器,开机,在正镜(盘左)90°附近旋转望远镜,垂直时应有角度值显示(若一直显示"SETO",则说明仪器存在不过零的问题)。

①关机,望远镜向下,开机,向上过零,瞄准一目标记录垂直角度值。

②关机,望远镜向上,开机,向下过零,瞄准同一目标记录垂直角度值。

③两值之差应小于 $10''$,如过大,说明存在过零电压过高的问题。

(5)充电电池的充电及储存。

注意:取下电池前,务必关闭仪器的电源开关。

本仪器使用专用充电电池组和充电器,电池组电压 7.2 V。应将电池盒连接在专用充电器上,再接通充电器电源。充电指示灯显示红色,开始充电。充满后指示灯显示绿色。此时应先切断电源,再取下电池盒。

本充电器为快速充电器,4 小时内可完成快速充电,电量达到 80%。如需充满,还要经过 2 至 4 小时的涓流充电。充电时注意,充电时间不要超过 24 小时。

电池应充电后储存,且应至少每隔三个月充电一次。如果放电后储存或超过期限不充电,将导致再次充电后,电池容量下降。

5.2.2 常见机械故障的维修

1.竖轴转动紧涩

1)水平指栅盘脱落

仪器受强烈震动后,可能造成水平指栅盘开胶脱落,此时,竖轴转动会紧涩。拆下正镜一侧的显示器,转动照准部会发现水平指栅盘(上面的一块光栅盘)不随照准部一起转动。用0.02 mm塞尺检查,全圆周四个方向,每隔90°检查一次。塞尺均应能从两光栅盘之间插入。如果有一处不能插入,即可确认是水平指栅盘开胶脱落,维修后需重新校盘。

2)竖轴卡死

照准部不能转动或转动很困难,故障应是竖轴卡死。此时,不应再强行转动照准部,否则,会造成竖轴咬死,导致竖轴报废。竖轴配合精度很高,没有专用工具,修理后,很难保证轴系精度,应返厂修理。

2. 横轴转动紧涩

该横轴结构在正常使用下,不会造成横轴转动紧涩。如果出现此故障,通常是仪器经长期使用或受强烈震动、碰撞后,垂直两光栅盘相蹭所致。用0.02 mm塞尺检查,全圆周四个方向,每隔90°用塞尺检查一次,塞尺均应能从两光栅盘之间插入。如果有一处不能插入,即可判定为蹭盘。维修方法见角度测量故障维修中的垂直角度测量故障。

3. 水平制微动手轮的拆卸与维修

图5-3为DID2-C电子经纬仪水平制微动系统拆装图。

(1)旋出固定显示器的4个固定螺钉。

(2)将显示器取下,注意内部电路插接位置。

(3)旋出顶簧座,注意弹簧及顶簧库不要弹出。

(4)用内六角扳手旋出2枚紧定螺钉。

(5)取下水平制微动手轮组。

(6)旋出2枚内六角固定螺钉,取下微动手轮。

(7)旋出固定螺钉,逆时针旋出制动手轮。

(8)旋出2枚沉头固定螺钉和1枚调整螺钉,取下限位环。

(9)将水平固定套从水平锁紧杆上取下。

(10)旋出2枚固定螺钉,取下制动拨叉。

(11)旋出微动丝杆。

(12)将所有零件用汽油仔细刷洗,刷洗时注意水平锁紧杆上面的1个白色尼龙调整垫不要丢失。

(13)参照图5-3,按照与(6)~(11)拆卸相反的顺序组装水平制微动手轮组。在微动丝杆与水平锁紧杆之间及水平锁紧杆与水平固定套之间涂以适量手轮油,要求螺钉紧固,手轮转动舒适柔和,在任何位置上不得有紧涩和空回现象。如紧涩或存在空回,可通过调节调整螺钉来消除。调节后点清漆封固。

(14)参照图5-3,按照与(1)~(5)拆卸相反的顺序将水平制微动手轮组组装在支架上。

组装时,紧定螺钉应顶入水平固定套的V形槽中,紧固力度不要过大,以水平制微动系统不能拔出而又能自由转动为准。

(15)旋转制动手轮,使制动手轮工作可靠,制动范围为45°～90°,再固紧紧定螺钉。

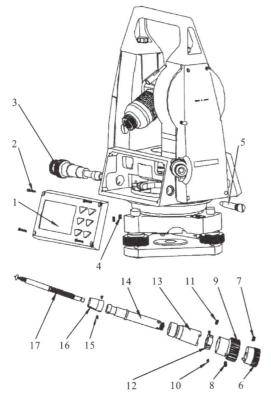

1—显示器;2,8,15—固定螺钉;
3—制微动手轮组;4—紧定螺钉;
5—顶簧座;6—微动手轮;
7—内六角固定螺钉;9—制动手轮;
10—沉头固定螺钉;11—调整螺钉;
12—限位环;13—水平固定套;
14—水平锁紧杆;16—制动拨叉;
17—微动丝杆。

图 5-3 水平制微动手轮拆装图

4. 垂直制微动手轮的拆卸与维修

图 5-4 为 DID2-C 电子经纬仪垂直制微动系统拆装图。

(1)将电池盒从右挡板上取下。

(2)旋出固定右挡板的 6 枚固定螺钉。

(3)将右挡板取下,注意内部连线位置。

(4)旋出顶簧座,注意不要弹出弹簧及附件。

(5)用内六角扳手旋出 1 枚紧定螺钉,取出垂直微动手轮。

(6)旋出 2 枚内六角固定螺钉,取下微动手轮。

(7)旋出固定螺钉,逆时针旋出制动手轮。

(8)旋出 2 枚沉头螺钉和 1 枚调整螺钉,取下限位环。

(9)将固定套从垂直制动杆上取下。

(10)旋出 2 枚固定螺钉,取下制动拨叉。

(11) 旋出微动丝杆。

(12) 将所有零部件用汽油仔细刷洗,刷洗时注意垂直制动杆上面的一个白色尼龙调整垫不要丢失。

(13) 参照图5-4,按照与(6)～(11)拆卸相反的顺序组装垂直制微动手轮组。微动丝杆与垂直制动杆及固定套与垂直制动杆之间应涂以适量手轮油。组装后检查,要求螺钉紧固,转动舒适柔和,在任何位置上不得有紧涩和空回现象。如紧涩或存在空回,可通过调节调整螺钉来消除。调节后点清漆封固。

(14) 参照图5-4,按照与(1)～(5)拆卸相反的顺序将垂直制微动手轮组组装在支架上。

(15) 组装时紧定螺钉应顶入水平固定套的V形槽中,紧固力度不要过大,以垂直制微动系统不能拔出而又能自由转动为准。

(16) 旋转制动手轮,使制动系统工作可靠,制动范围为45°～90°,再紧固紧定螺钉。

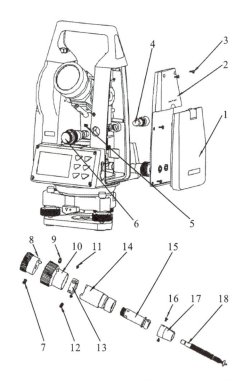

1—电池盒;2—右挡板;
3,7,9,16—固定螺钉;
4—顶簧座;5—紧定螺钉;
6—垂直微动手轮;8—微动手轮;
10—制动手轮;11—沉头螺钉;
12—调整螺钉;13—限位环;
14—固定套;15—垂直制动杆;
17—制动拨叉;18—微动丝杆

图5-4 垂直制微动手轮拆装图

5.威特基座常见故障维修

1)安平压板窜动

安平压板上下窜动,可导致长水准器无法整平,这是由于安平轴承背母松动。维修方法如下:

①顺时针旋转锁紧螺钉(图5-5),使扳把解锁。逆时针旋转扳把,取下照准部。

②用板子拆下底背母。

③取下 2 片弹性垫圈(有的仪器只装一片)。

④基座翻转 180°,取下安平底板。

⑤取下三个 φ3 钢珠。

⑥握紧脚螺旋,用板子旋紧轴承背母。

⑦在轴承背母和安平轴承间滴入少许真空泵油。

⑧依次装上 3 个 φ3 钢珠、安平底板。

⑨基座翻转 180°,装上弹性垫圈。

⑩装上底背母,用板子旋紧。

⑪逆时针旋转螺钉,将扳把锁住。

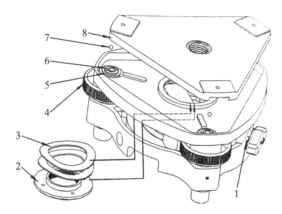

1—锁紧螺钉;2—底背母;3—弹性垫圈;4—脚螺旋;5—安平轴承;6—轴承背母;7—φ3 钢珠;8—安平底板

图 5-5 威特基座结构图(a)

2)安平手轮晃动

安平手轮晃动是导向套松动所致,维修方法如下:

①按上述"1)安平压板窜动"中①～⑤操作,拆下相关零件。

②握紧安平手轮,用板子拆下安平轴承背母(图 5-6)。

③取下三个轴承垫圈和 3 个安平轴承。

④取下安平压板。

⑤顺时针旋转安平手轮,使安平手轮向下移动,在尽量靠近导向套时,调整安平手轮,使安平手轮上的两个 φ3 孔对准导向套上的凹槽。

⑥松开锥端紧定螺钉,用板子将导向套旋紧。

⑦旋紧锥端紧定螺钉,将导向套顶牢,点清漆封固。

⑧依次装上安平压板、3 个安平轴承和 3 个轴承背母。

⑨重复上述"1)安平压板窜动"中⑥～⑪操作。

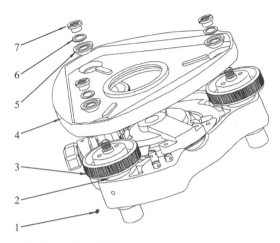

1—锥端紧定螺钉；2—导向套；3—安平手轮；4—安平压板；5—安平轴承；6—轴承垫圈；7—轴承背母。

图 5-6　威特基座结构图(b)

3）安平手轮紧涩

仪器经长期使用后，手轮油脂挥发，可能出现安平手轮紧涩或晃动的情况。维修方法如下：

①按上述"1）安平压板窜动"中①～⑤和"2）安平手轮晃动"中②～⑤操作，拆下相关零件。

②松开锥端紧定螺钉，用板子旋转导向套，从基座上拆下安平手轮组。

③拆下开口挡圈（图 5-7）。

④旋转安平手轮，将安平手轮从导向套上拆下。

⑤用汽油清洗安平手轮的螺纹部位（如果导向套中的弹性螺母螺纹部位脏，可整个部件清洗，但清洗后必须彻底烘干），在导向套和安平手轮螺纹部位涂手轮油。

⑥将安平手轮旋入导向套，装上开口挡圈。

⑦将安平手轮组旋入基座。

⑧重复上述"2）安平手轮晃动"中⑤～⑨操作。

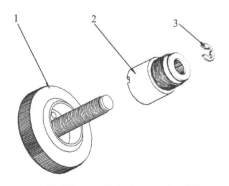

1—安平手轮；2—导向套；3—开口挡圈。

图 5-7　安平手轮

6. 滑动基座常见故障维修

1) 基座锁紧机构失灵

固紧基座锁紧手轮(图 5-8),平移照准部,照准部相对于滑动基库仍能移动。故障原因是基座锁紧机构失灵,导致照准部不能被锁牢。

维修方法:

①将基座锁紧手轮上的两个 M2 锥端顶丝松开。

②顺时针旋紧基座锁紧手轮,将照准部顶牢。推动照准部检查,应不再相对于滑动基座产生位移。

③固紧两个 M2 锥端顶丝。

④松开基座锁紧手轮,推动照准部,照准部应能自由平移。

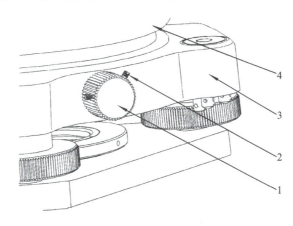

1—锁紧手轮;2—M2 锥端顶丝;3—滑动基座;4—照准部。

图 5-8 基座锁紧机构

2) 安平压板窜动

安平压板上下窜动,可导致长水准器无法整平,这是安平轴承背母松动所致。可先将滑动基座与照准部分离,然后排除基座故障。

(1) 分离滑动基座与照准部(图 5-9)。

将仪器翻转,使滑动基座向上。松开锁紧手轮。改锥从中间的大孔中穿入,依次拆下连接滑动基座与照准部下壳的三个 M3 沉头螺钉,取下滑动基座。为方便拆卸螺钉移动滑动基座,使中间的大孔位于易拆卸螺钉的位置。

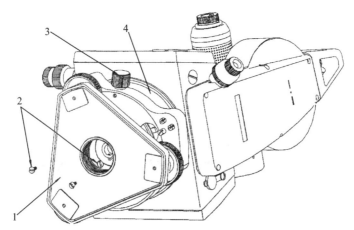

1—基座;
2—M3沉头螺钉;
3—锁紧手轮;
4—照准部。

图 5-9 安平压板

(2)安平压板上下窜动故障的排除(图 5-10)。

①用板子拆下底背母。

②取下弹性垫圈。

③基座翻转 180°,取下安平底板。

④取下三个 φ3 钢珠。

⑤握紧安平手轮,用板子旋紧轴承背母。

⑥在安平轴承背母和安平轴承之间滴入少许真空泵油。

⑦依次装上三个 φ3 钢珠和安平底板。

⑧基座翻转 180°,装上弹性垫圈。

⑨装上底背母,用板子旋紧。

⑩将仪器翻转,装上滑动基座,再装上三个 M3 沉头螺钉。将滑动基座与照准部中下壳连接牢。

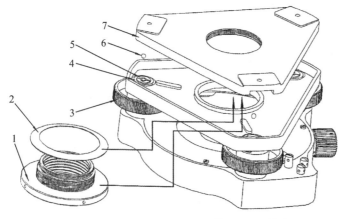

1—底背母;2—弹性垫圈;
3—安平手轮;4—安平轴承;
5—轴承背母;6—φ3 钢珠;
7—安平底板。

图 5-10 基座 1

3) 安平手轮紧涩

仪器经长期使用后,可能出现安平手轮紧涩或框动。维修方法如下:

(1) 旋转滑动基座的安平手轮,使安平手轮上的 φ2.5 孔对准压套上的 φ1.5 孔(图 5-11)。

(2) 用专用板子旋转压套。如安平手轮紧涩,逆时针旋转压套,安平手轮框动,顺时针旋转压套。

(3) 调整好后,依次转动三个安平手轮,要求三个安平手轮均应能转动舒适柔和且不得框动。

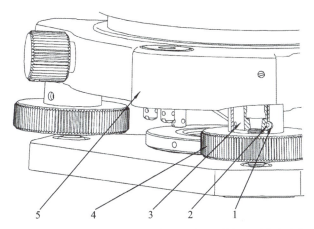

1—φ2.5 孔;2—φ1.5 孔;3—压套;4—安平手轮;5—滑动基座。

图 5-11 基座 2

5.2.3 测角故障的维修

1. 不开机的故障原因及维修

1) 电池电量不足

将万用表调整在直流电压挡,检查电池电压,电压应大于 6.5 V。如小于 6.5 V,说明电池电量不足。应将电池连接在专用充电器上,再接通充电器电源。充电指示灯显示红色,开始充电,充满后指示灯显示绿色。此时,应先切断电源,再取下电池。然后装上电池检查是否能开机。

本充电器为快速充电器,4 小时内可完成快速充电,电量达到 80%。如需充满,还要经过 2 至 4 小时的涓流充电。充电时注意,充电时间不要超过 24 小时。

2) 电源线/电极连接不良

如果按上述方法判定电池电量充足,但仍不能开机,应检查是否因电源接触不良导致不开机。

拆下固定左盖板的 6 个 M2.5 螺钉,打开左盖板,拔下测角主板(图 5-12)上的蜂鸣器插头,取下左盖板。开机,用电压表测量测角主板电源线四芯插座插针上的电压,四芯插座中,中间的两个为正极,靠外的两个为负极,该电压应大于 6.5 V。如果电压为零,或时有时无,可能是因为电源线路连接不良或右盖板电极接触不良。

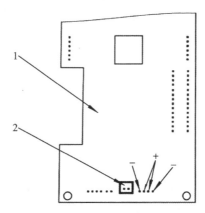

1—测角主板;2—蜂鸣器插头。

图 5-12　测角主板

(1)电源线接触不良(图 5-13)。

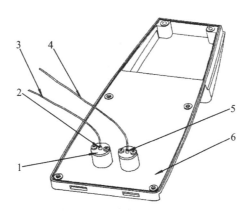

1—挡盖;2—触点(一极);3—电源线(黑色);4—电源线(红色);5—触点(＋极);6—右盖板。

图 5-13　右盖板

电源线接触不良,可能是电源线断路或电源线 3 与触点 2 出现虚焊导致的。应首先判断电源线是否因为挤压造成电线断路,如电源线无故障,而是电源线 3 与触点 2 接触不良,应重新焊接牢固。焊接时,可把电池装在右盖板上,这样会将触点顶出,使触点高出挡盖,焊接时不会烫坏挡盖。焊点要小于挡盖的通孔。焊接后,应检查焊接是否可靠,触点回弹是否自如,无阻滞,与充电电池触点接触是否可靠。焊接电源线时应注意,正、负极的焊接位置一定要正确,黑色电源线应焊接在触点 2 上,红色电源线应焊接在触点 5 上。否则,开机后可能造成烧毁测角主板的严重后果。

(2)电极接触不良。

仪器经长期使用后,电极处可能因为进入灰尘、油污导致触点(图 5-14)回弹无力,不能保证与电池触点的良好接触。图 5-14 是 DJD2-C 电子经纬仪电极结构图。维修时,可先焊下电源线,拆下 4 个十字槽自攻螺钉,即可拆下挡板、触点弹簧和触点。将这些零件用汽油清洗干净,重新装配。装配时不要涂润滑油。

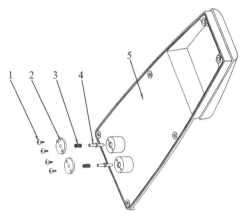

1—十字槽自攻螺钉;2—挡盖;3—触点弹簧;4—触点;5—右挡板。

图 5-14　DJD2-C 电子经纬仪电极结构图

3)电子补偿器故障

在确定电池电量和电源线路连接没有问题的情况下,仍不能开机。则切断电源,拆下固定测角主板的 4 个 M2.5 螺钉,使测角主板与仪器支架分离。从测角主板上拆下电子补偿器插头(图 5-15),检查仪器是否能够开机,若能够开机,说明电子补偿器存在故障,需更换新的电子补偿器并重新校正电子补偿器。

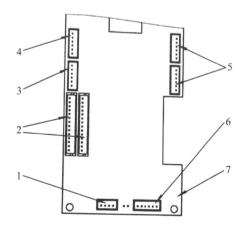

1—电源线插座;2—显示器插座;3—电子补偿器插座;4—垂直模拟器插座;
5—水平模拟器插座;6—US232 插座;7—测角主板。

图 5-15　测角主板

4）液晶显示器故障

在确定电子补偿器没有问题的情况下，仍不能开机。则切断电源，拆下测角主板上正镜一侧显示器的插头。检查仪器是否能够开机。若不能开机，则切断电源，拆下测角主板上倒镜一侧显示器的插头，将正镜侧显示器的插头插接在测角主板上。装好后，检查仪器是否能够开机。若仍不能开机，可判定是测角主板出现故障，需更换新的测角主板。

在上述检查中，如果插接一侧显示器可开机，而插接另一侧显示器不能开机。则可判定该侧显示器或显示器数据线有故障。这时，可切断电源后拆下固定显示器的4个M2螺钉，将可开机一侧显示器的数据线拆下，换装在不可开机一侧的显示器上。检查仪器是否能够开机。若不能开机，可判定该侧显示器存在故障。如能开机，可判定数据线存在故障。可根据故障更换新的显示器或数据线。

另外，仪器经长期使用后，可能出现液晶显示器不显示、显示不完整或按键失灵等故障。此时可根据故障，更换新的显示器或数据线。

更换时，拆下固定显示器的4个M2螺钉，拆下显示器与测角主板连接的接插件，将新的显示器或数据线与测角主板连接，要求位置正确、连接可靠。可正常开机后，将显示器装在仪器支架上，紧固4个M2螺钉。

5）主板故障

在上述检查中，如果判定是测角主板出现故障，需更换新的测角主板。更换前，应先切断电源。再依次拆下测角主板上的各接插件。

调试两个水平模拟器、一个垂直模拟器测角电信号（参见角度测量故障维修）和过零电压（参见垂直角零位不显示）。

两个水平模拟器、一个垂直模拟器测角电信号调试好后，换装上新的测角主板。先将各插接件插接在测角主板相应插座上，要求位置正确、连接可靠。检查无误后，将测角主板装在支架上，用4个M2.5螺钉固牢。接通电源时，正、负极务必连接正确，否则，可能再次造成测角主板的损坏。更换后，需做如下调试、校正和设置：

①调试垂直过零电压。

②补偿器重新校正。

2.角度测量故障维修

整平仪器，开机，旋转望远镜过零，转动竖轴、横轴各三周后，观测平行光管分划板上一点A，记录垂直角度及水平角度值，转动竖轴、横轴各2~3周后，仍观测目标A点，读取的垂直角度及水平角度值变化不应超过5″，若超过5″，说明角度测量重复性差。

观察水平角或垂直角示值，最小角度示值以1″为单位（测角最小显示设置在1″）递增或递减。若出现异常说明水平或垂直角度存在跳数问题。

1)水平角度测量故障

仪器经长期使用后可能出现水平角度测角重复性差或跳数问题。当出现这些故障时,应检测测角主板水平测角电信号并重新调试。

拆下固定仪器左盖板的 6 个 M2.5 螺钉,打开左盖板。拔下测角主板上的蜂鸣器插头,取下左盖板,可看到测角主板。电子经纬仪测角电信号由六路正弦波信号组成,测试点为测角主板上的 P1~P6 点(图 5-16,图中的测角主板是按老结构绘制的,新的测角主板取消了电位器 WR9,其他与该图相同)。测角主板说明见表 5-2。

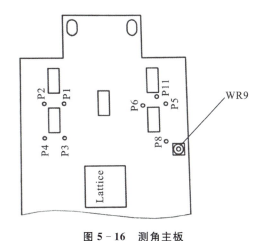

图 5-16 测角主板

表 5-2 测角主板说明

测试点	说明
P1	水平测角信号测试点
P2	水平测角信号测试点
P3	水平测角信号测试点
P4	水平测角信号测试点
P5	垂直测角信号测试点
P6	垂直测角信号测试点

各测试点的测角电信号,应分别用示波器(示波器选择 A 模式,灵敏度 500 mV,扫描速率 1 mS)检测。检测前应先校准示波器的准确度及零位。

旋转照准部,用示波器探头依次检测测角主板 P1~P4 测试点,波形应为标准正弦信号波形(图 5-17),波形应满足以下要求。

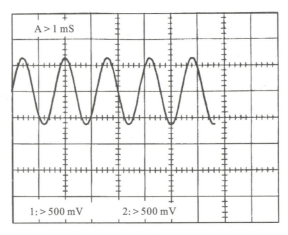

图 5-17 正弦信号波形

A：直流电平为 2.5 V±0.02 V；

B：交流部分幅值应为 1.2 V±0.2 V；

C：P1、P2 两路水平测角电信号的幅值相差<0.1 V，P3、P4 两路水平测角电信号的幅值相差<0.1V。

如不能满足上述要求，可按下述步骤调整：

①关机，切断电源。

②拆下固定测角主板的 4 个 M2.5 螺钉，从测角主板上拔下需调整的水平模拟器插头，插接在专用调试盒的六芯插座上。其中，P3、P4 点电信号超差需调整长线水平模拟器。P1、P2 点电信号超差需调整短线水平模拟器。如调整短线水平模拟器，需拆下右挡板。

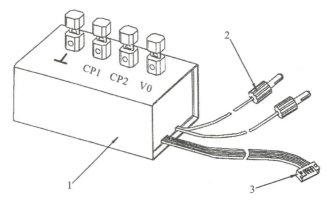

1—测试盒；2—电源插头；3—六芯插座。

图 5-18 专用调试盒

③专用调试盒上供电为直流 5 V±0.02 V。示波器选择 A 模式，灵敏度 500 mV，探头衰减选择 X1 挡，插接在专用调试盒的 CP1 插座上。示波器地线接专用调试盒的(⊥)。旋转照准部，

观察示波器的正弦波信号。用无感应改锥调整水平模拟器上的电位器,使一路输出的正弦波信号的幅值电压和中心电压达到技术要求。

其中:电位器 WR2、WR3(图 5-19)可分别改变两路正弦波的幅值电压。电位器 WR1、WR4 可分别改变两路正弦波的中心电压。调整时,注意电位器不要调到极限位置,这样幅值电压或中心电压不易变动。

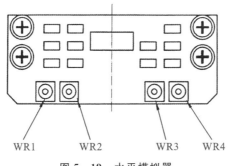

图 5-19 水平模拟器

另外,旋转照准部观察幅值电压的变化时,有两种情况属不正常,一种是幅值电压的变化超过 500 mV。这样,可能造成水平跳数。其产生原因是水平指栅架与指栅盘(上面的一块光栅盘)开胶或水平指栅架与导向盘开胶,导致两光栅盘间隙变动。可用 0.02 mm 塞尺检查,全圆周四个方向,每隔 90°用塞尺检查一次,塞尺应均能从两光栅盘间插入。如果有一处不能插入,即可判定该处两光栅盘间隙变小。由于需要专用工具拆卸,需返厂修理。另一种情况是,在观察幅值电压的变化时,正弦波出现上下或左右跳动。这是由于光栅盘表面有油污、指印或异物。水平两光栅盘中,靠下面的一块是主光栅盘,如果盘表面脏,会引起正弦波跳动,当跳动超过 200 mV 时,会造成水平跳数。可用脱脂棉蘸适量混合液(乙醚 70%,乙醇 30%),将光栅盘表面擦拭干净。

④探头 CH1 改插在专用调试盒 CP2 插座上。旋转照准部,示波器显示水平模拟器另一路电信号的正弦波。该正弦波幅值电压及中心电压也应达到上述技术要求。

⑤如果另一个水平模拟器输出电信号的幅值电压及中心电压不能达到技术要求,可按上述方法调整。

⑥水平模拟器调试好后,关机,切断电源。将长、短水平模拟器的六芯插头插接在测角主板的相应位置上。然后,对测角主板的水平测角电信号进行测试。

⑦装上测角主板,用 4 个 M2.5 螺钉固牢,将蜂鸣器插头插在测角主板上,装上左盖板,用 6 个 M2.5 螺钉固定在支架上。

2)垂直角度测量故障

垂直角度测角重复性差或跳数,应先检测测角主板上垂直测角电信号,方法同水平电信号,测试点为 P5、P6 点,波形应满足以下要求。

A:直流电平为 2.5 V±0.02 V;

B:交流部分幅值应为 1.2 V±0.2 V;

C:P5、P6 两路垂直测角电信号幅值相差小于 0.1 V。

如不能满足上述要求,可按下述步骤调整:

①拆下固定测角主板的 4 个 M2.5 十字槽盘头螺钉,取下测角主板。

②从测角主板上拔下垂直模拟器插头(图 5-15),插接在专用调试盒的六芯插座上。

③专用调试盒上供直流电 5 V±0.02 V。示波器选择 X-Y 模式,灵敏度为 500 mV,两个探头衰减选择 X1 挡,分别插接在专用调试盒的 CP1、CP2 插座上。示波器地线接专用调试盒。

④用 0.02 mm 塞尺检查,全圆周四个方向每隔 90°用塞尺检查一次,塞尺应均能从两光栅盘间插入且各处间隙大致相同。如果有一处不能插入,即可判定该处两光栅盘间隙变小。

⑤转动横轴,依次使左轴承 φ6 孔(图 5-20)对准内六方顶丝,逆时针旋转 4 个 M3X5 内六方顶丝(对经方向还有两个)各一周。

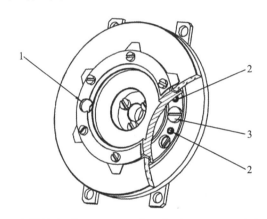

1—左轴承 φ6 孔;2—M3X5 内六方顶丝;3—调整螺钉。

图 5-20　旋转 M3X5 内六方顶丝

⑥转动横轴,使左轴承 φ6 孔对准调整螺钉。缓慢、匀速、小角度往复转动望远镜,同时观察示波器上的李沙郁图形。用改锥微量调节调整螺钉。该调整螺钉共 4 个,互成 90°,可分别调整上、下、左、右四个方向的两光栅盘间隙,以此来改变幅值电压的大小。顺时针旋转靠近该处的调整螺钉,可加大该处两光栅盘间隙,使幅值电压变小。逆时针旋转可减小两光栅盘间隙,使幅值电压变大。转动横轴一周,观察示波器上李沙郁图形,幅值应在 500~1500 mV,如图 5-21(a)所示。

调整时,如果相位差较大,可调整左、右两个方向的两光栅盘间隙,使相位差减小。调整后,应用塞尺检查两光栅盘间隙,仍应符合上述要求。

在观察示波器上李沙郁图形时,如果李沙郁图形出现上下或左右跳动,可能是由光栅盘表面有油污、指印或异物造成的。垂直两光栅盘中,靠外面的一块是主光栅盘,如果盘表面脏,则会引起电信号跳动,严重时会造成垂直跳数。可用脱脂棉蘸适量混合液(乙醚 70%,乙醇 30%),将光栅盘表面擦拭干净。

另外,旋转横轴一周,观察示波器上李沙郁图形时,李沙郁图形会出现大小的变化。幅值变化应小于 500 mV。如果超过 500 mV,可能造成垂直测角跳数。这是因为仪器经长期使用后,横轴轴向窜动量变大,由于要用专用工具拆卸,需返厂修理。

⑦示波器选择 A 模式,探头 CH1 改插在专用调试盒过零插座(Vo)上。在正镜(盘左)垂直角 90°附近旋转望远镜,示波器显示应如图 5 - 21(b)所示。该过零脉冲幅度应为 Vs－Vn ≥0.5 V。

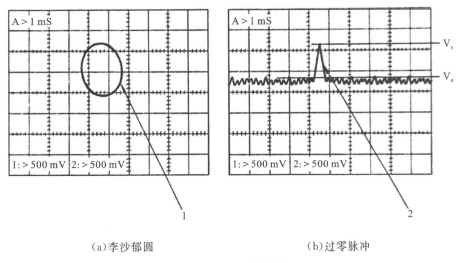

(a)李沙郁圆　　　　　　　　(b)过零脉冲

图 5 - 21　示波器图

⑧示波器选择 A 模式,灵敏度为 500 mV,探头衰减选择 X1 挡,插接在专用调试盒的 CPI 插座上。示波器地线接专用调试盒地线。

反复旋转横轴,观察示波器的正弦波信号。用无感应改锥调整垂直模拟器上的电位器(图 5 - 22),使一路输出的正弦波信号(图 5 - 23)的幅值电压和中心电压达到以下技术要求。

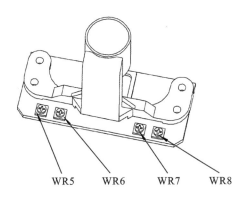

图 5 - 22　垂直模拟器

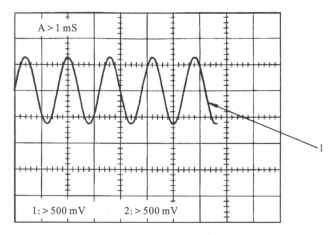

图 5-23 正弦波

A：直流电平为 2.5 V±0.02 V；
B：交流部分幅值应为 1.2 V±0.2 V。

电位器 WR6、WR7 可分别改变两路正弦波的幅值电压。电位器 WR5、WR8 可分别改变两路正弦波的中心电压。

调整时，注意电位器不要调在极限位置，这样幅值电压或中心电压不易变动。

⑨探头 CH1 改插在专用调试盒 CP2 插座上。旋转横轴，示波器显示垂直模拟器另一路电信号的正弦波。按上述调整方法，使该路正弦波幅值电压及中心电压达到上述技术要求。

除满足上述技术要求外，还要满足两路垂直测角电信号幅值相差小于 0.1 V。

⑩调试完成后，将模拟器的六芯插头插接在测角主板相应位置。

⑪复查测角主板的垂直测角电信号（图 5-16 中的 P5、P6 测试点）无误后，对过零电信号进行调试。

⑫将蜂鸣器插头插在测角主板上，装上左盖板，用 6 个 M2.5 螺钉固定在支架上。

3. 电子补偿器故障的维修

1）电子补偿器的更换

①拆下固定左盖板的 6 个 M2.5 螺钉，拔下测角主板上的蜂鸣器插头，取下左盖板。

②拆下固定测角主板的 4 个 M2.5 十字槽盘头螺钉，取下测角主板。从测角主板上拆下补偿器插头。

③拆下固定仪器右盖板的 6 个 M2.5 螺钉，取下右盖板。

④拆下固定补偿器的 2 个 M3 螺钉和 2 个 ϕ3 垫圈（图 5-24），取下补偿器。

⑤将新的电子补偿器组装在支架上，装上 2 个 M3 螺钉和 2 个 ϕ3 垫圈，固牢。

⑥补偿器的六芯插头从支架末端长水准器的一侧穿到支架左面，六芯插头接插在测角主板补偿器插座上。

⑦将测角主板装在支架上,用 4 个 M2.5 十字槽盘头螺钉固牢。

1—支架上 M3 螺孔;2—补偿器;3—φ3 垫圈;4—M3 螺钉。

图 5-24　电子补偿器

⑧蜂鸣器插头插接在测角主板上。装上左盖板,用 6 个 M2.5 螺钉固牢。更换新的电子补偿器后,需进行补偿器零位、补偿精度和指标差的校正。

2)电子补偿器零点差校正

仪器在更换补偿器或经过较长时间的使用后,可能会出现电子补偿器零位超差或补偿精度超差的问题,应对电子补偿器进行校正。

补偿器零位超差或补偿精度超差的判定:

仪器安置在专用校正台上(三脚基座安放方向应如图 5-25 所示,长气泡朝向工作者,脚螺旋Ⅲ正对平行光管),精确整平仪器,长水准器四个方向偏差均应小于 1/2 格。开机,过零,确认补偿器处于开启状态。

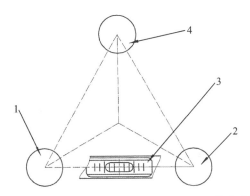

1—脚螺旋Ⅰ;2—脚螺旋Ⅱ;
3—长气泡;4—脚螺旋Ⅲ。

图 5-25　长水准器

补偿器零点差的校正：

当精确整平仪器后,开机,过零,如果在第二行的垂直角值栏未显示垂直角值,而显示"TILT"(图5-26),则说明电子补偿器零位超差,需校正补偿器零点差。

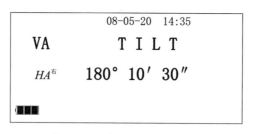

图5-26 补偿器零点差校正

①关机,同时按住[☀]和[OSET]键再按[开机]键开机,显示屏显示"FAC"约1 s后,显示如图5-27所示的界面。图中第三行的2″即表示该仪器的水平测角精度设置为2″。

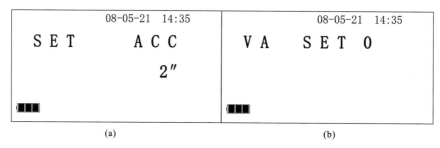

图5-27 补偿器显示1

②按[☀]键,显示如图5-27(a)所示。DJD-C电子经纬仪出厂前精度均已设置为2″,维修中,如果发现由于误操作改设为5″、10″或20″,可按[OSET]键将其重新设置为2″,然后按[/]键确认保存,显示如图5-27(b)所示。

③旋转望远镜过零,显示"STEP1"约1 s后显示如图5-28(a)所示的界面。图中第三行中的"-110"即为补偿器零点差。在长水准器精确整平的前提下,照准部旋转至任何位置,补偿器停稳后(图5-28(a)中的"-110"不再变化),该值均应小于"±15"。否则,应对补偿器零点进行校正。

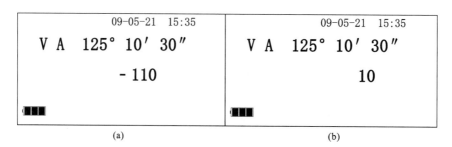

图5-28 补偿器显示2

④关机,取下电池盒。拆下固定仪器右盖板的 6 个 M2.5 螺钉,取下右盖板。装上电池盒,将固定电子补偿器的 2 个 M3 螺钉稍松开(图 5-29)。

⑤精确整平仪器,长水准器四个方向偏差均应小于 1/2 格。

⑥用木柄改锥敲击补偿器的外壳,将补偿器零点差校正至小于"±15"。正镜时,当补偿器零点差为负数(如图 5-28(a)显示的"-110")时,向下敲击图 5-29 中补偿器的 A 点。当为正数时,向下敲击图 5-29 中的补偿器的 B 点。直至在仪器精确整平的前提下,旋转仪器照准部至任何位置,补偿器零点差的绝对值均小于 15。

如果是新更换的补偿器,补偿器零位可能因安装位置不对偏差较大。此时,应先松开 2 个 M3 螺钉,调整补偿器,使补偿器零点差的绝对值小于 100,然后稍固紧 2 个 M3 螺钉,再进行上述校正。

⑦将固定电子补偿器的 2 个 M3(2)螺钉固紧后,复查补偿器零点差,其绝对值仍应小于 15。将 2 个 M3 螺钉点清漆封固。

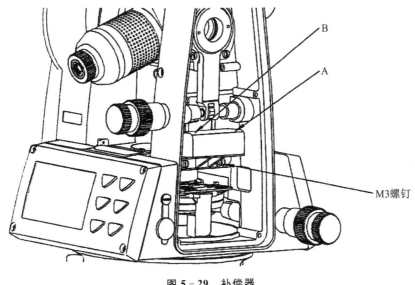

图 5-29 补偿器

3)电子补偿器补偿精度校正

①精确整平仪器,长水准器四个方向偏差均应小于 1/2 格。

②重复上述"补偿器零点差的校正"的步骤①、②。显示如图 5-28(b)所示的界面。图中第三行中的"10"即为补偿器零点差。旋转仪器照准部至任何位置,补偿器零点差的绝对值均应小于 15(图 5-30(a))。

③将望远镜分划板中心照准平行光管分划板一点 A,待补偿器停稳后(图 5-30(a)中第三行的"8"不再变化),按[OSET]键确定,进入补偿器精度校正模式。显示屏显示"STEP2"约 1 s 后,显示如图 5-30(a)所示,垂直角 90°11′32″是示意值)。

④微动垂直手轮,使望远镜视准轴上倾3′,此时,垂直角值由90°11′32″变为90°8′32″(图5-30(b))。

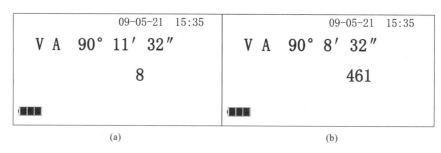

图5-30 补偿器显示3

⑤调整基座脚螺旋Ⅲ,使望远镜分划板中心仍照准平行光管分划板A,待补偿器停稳后,按[OSET]键确定,显示屏显示"STEP3"约1 s后,显示如图5-30(b)所示。

⑥微动垂直手轮,使望远镜视准轴下倾6′,此时,垂直角值由90°8′32″变为90°14′32″。

⑦调整基座脚螺旋Ⅲ,使望远镜分划板中心仍照准平行光管分划板A点,显示如图5-31(a)所示。待补偿器停稳后,按[OSET]键确定,完成补偿器精度校正,显示屏显示"STEP4",约1秒钟后显示如图5-31(b)所示。

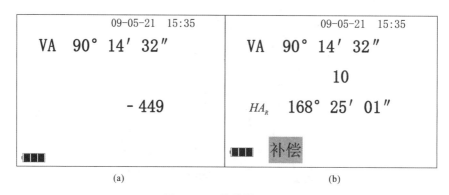

图5-31 补偿器显示4

4)电子补偿器补偿精度的检验

①仪器安置在校正台上,精确整平,长水准器四个方向偏差均应小于1/2格。开机,过零,确认补偿器处于开启状态。

②将望远镜照准平行光管分划板一点A,待垂直角稳定后,读取垂直角数值。

③顺时针旋转基座脚螺旋Ⅲ,使仪器后倾3′(如平行光管格值为18″,可倾10格)。旋转垂直微动手轮,使望远镜重新照准平行光管分划板A点。读取垂直角数值,误差应不超过6″。

④逆时针旋转基座脚螺旋Ⅲ,使仪器前倾3′,旋转垂直微动手轮,使望远镜重新照准平行光管分划板A点。读取垂直角数值,误差也应不超过6″。否则,需要重新校正。

5. 指标差、视准差、补偿器零点差设置

用正、倒镜观测同一目标 A 的垂直角,如果正、倒镜观测垂直角读数之和不等于 360°,则与 360°差值的一半即为垂直角零位误差(指标差)。对于 2″级仪器来讲,当误差大于 10″时,应予以校正(校正前应确认补偿器处于开启状态)。

当出现指标差超差的问题时。可按下面介绍的设置方法,通过盘左盘右的角度观测,重新设置垂直度盘指标差,使指标差达到技术要求。同时测定出仪器的视准差,以便于仪器对观测值进行视准差改正(由于视准差改正的范围不超过 30″。当 2C 大于 30″时,应先将视准轴垂直横轴的误差校正在 30″以内)。另外,同时还可以测定和设置倾斜传感器的零点偏离差。

注意:在改变"最小读数显示单位""倾斜补偿功能"模式后,应重新进行上述校正操作。

设置方法如下:

① 仪器安置在专用校正台上,精确整平,长水准器四个方向偏差均应小于 1/2 格。

② 按住[L/R]键,再按[开机]键开机,显示屏显示"SETUP",约 1 s 后,显示过零提示界面(图 5-32(a))。旋转望远镜过零,第二行闪烁提示"SET F1",显示屏显示如图 5-32(b)所示。

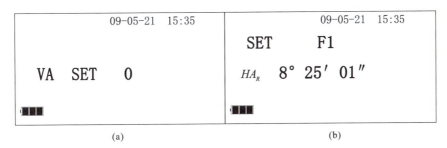

图 5-32 补偿器显示 5

③ 正镜(盘左),望远镜照准平行光管分划板 A 点,按[OSET]键确定。第二行"SET F1"闪烁数次后提示"SET F2",显示如图 5-33(a)所示。

④ 照准部旋转 180°,倒镜(盘右),望远镜仍照准 A 点,按[OSET]键确定。第二行"SET F2"闪烁数次后提示"SET",显示如图 5-33(b)所示。

⑤ 按[OSET]键确定。仪器接受新设置的指标差、视准差、补偿器零点差,并退出回到测角模式。

设置完成后,应检查垂直度盘指标差和 2C 变化,均应达到技术要求。

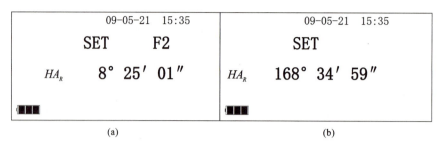

图 5-33 补偿器显示 6

5.3 电子经纬仪的检校

电子经纬仪几何关系检查与校正和光学经纬仪的检查与校正项目基本相同。不同的是电子经纬仪的指标差、视准差、补偿器零点差还可以通过软件进行电子校正。

在进行几何关系的检查和校正中,应按下述次序依次进行,这是由于必须考虑到各个检定项目之间的关系及相互的影响,例如,首先检定长水准管轴与竖轴的垂直度是因为这一项目对后面的各项检定均有影响。

1. 长水准管轴是否垂直于竖轴的检查与校正

1）检查

仪器安置在稳定的仪器基座和脚架上,将仪器安平后旋转照准部,读取气泡两端最大值为检定结果,其偏差应不大于长水准管的分划值的一半,如超差需校正。

2）校正

①转动照准部,使长水准器的轴线平行于脚螺旋Ⅰ与脚螺旋Ⅱ的连接线（图 5-34）。

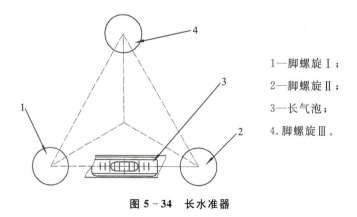

1—脚螺旋Ⅰ；
2—脚螺旋Ⅱ；
3—长气泡；
4.脚螺旋Ⅲ。

图 5-34 长水准器

②转动基座脚螺旋Ⅰ或脚螺旋Ⅱ将长水准器的气泡居中。

③转动照准部 180°,如果气泡偏离中心且超差。可调整脚螺旋Ⅰ,使气泡向中心移动偏差的一半。

④用校针转动图 5-35 中的调整螺钉,使气泡向中心移动至居中。

⑤转动照准部 180°,读取气泡两端最大值,其偏差不大于长水准器分划值的一半为合格,如超差需重复上述校正步骤。

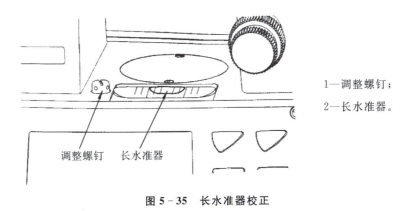

1—调整螺钉;
2—长水准器。

图 5-35　长水准器校正

2. 圆水准器轴与竖轴是否平行的检查和校正

1)检查

仪器安平后,圆水准器的气泡应居中,气泡不得超出圆水准器的分划圆,如超出需校正。

2)校正

圆水准器的校正在长水准器校正好后进行,这样既快又好。

调整图 5-36 中的三个调整螺钉,使圆水准器的气泡位于圆水准器分划圆的中间。调整中,应注意必须采取将相对位置的调整螺钉先松一个,后紧一个的原则,不松只紧,会扭断调整螺钉。

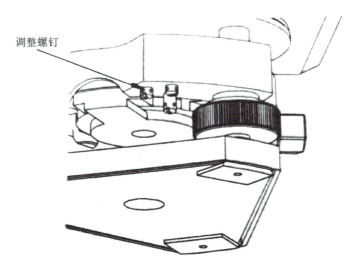

图 5-36　圆水准器

当气泡校正到正确的位置之后,三个调整螺钉都应处在适当松紧的位置。过松了,震动之后,水准器的位置会变。过紧了,由于内部应力的变化,时间一长,水准器的位置也可能会变。有时,还会损坏校正部位的光学零件,如玻璃破裂、开胶。这在以后介绍的其他校正部位(如十字丝校正螺钉、对点器校正螺钉)同样适用。

3. 十字丝竖丝垂直于横轴的检查和校正

1)检查

同第 4 章光学经纬仪。

①将仪器整平后,用竖丝的上端或下端精确瞄准远处一明显的目标点 A,固定水平制动螺旋和望远镜制动螺旋,转动望远镜微动螺旋使望远镜上仰或下俯,如果目标点始终在竖丝上移动,说明条件满足;否则,需要校正。

②离仪器 20～30 m 处,用一根直径为 0.5～1.0 mm 的细线或金属丝,悬吊一垂球,待垂球稳定后,将竖丝与垂球线进行比较。若二者重合,说明条件满足;否则,需要校正(注意,此时竖轴要严格铅垂)。

2)校正

①旋下护盖(图 5 - 37)。

②松开固定目镜头组的四个螺钉。

③旋转目镜头组,消除偏差,固紧四个螺钉。按上面介绍的方法检查合格后,装上护盖。

3)注意事项

用第一种方法检查时,若微动垂直手轮,目标却沿曲线移动或移动中伴随跳动。则多半是因为微动螺旋部分受力不匀,应事先排除。横丝水平后,竖丝同样会铅垂(在加工中,已保证了视距板横丝和竖丝的垂直度,两者的不垂直度误差不会大于 5′)。

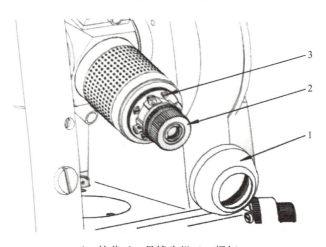

1—护盖;2—目镜头组;3—螺钉。

图 5 - 37　十字丝校正

4. 望远镜视准轴垂直于横轴的检查和校正

1) 检查

常采用标尺法进行检校。如图 5-38 所示,在和仪器大致等高,离仪器距离相等(主要是避免调焦误差的影响)的两处横放标尺 A、B。整平仪器后,用正镜瞄准 A 尺上的某分划线 N。固紧照准部(即固紧水平制动手轮),倒转望远镜照准 B 尺,在 B 尺上得一读数 M_1,如图 5-38 中的 1.650 m)。松开水平制动手轮,旋转照准部,使望远镜第二次对准 A 尺上的 N。固紧照准部,倒转望远镜,若望远镜十字丝仍然对准 B 尺上的 M_1 点,说明两轴垂直。若十字丝偏到了 M_2 点(如图 5-38 中的 1.630 m),说明有视准差存在。

视准差可按下式计算:

$$C'' = \frac{\frac{1}{4}M_1M_2}{S} \times \rho'' \geqslant 容许值$$

DJD2-C 电子经纬仪属于 2″级仪器。当容许值不小于 8″时,需要校正。

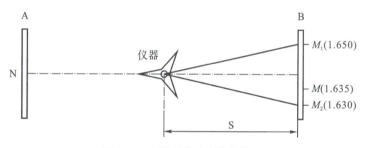

图 5-38 视准轴垂直横轴校正

2) 校正

校正时,取下图 5-39 中的护盖,拨动左右两个调整螺钉,使竖丝平移,从 M_2 点起,缩小偏移量 M_1M_2 的 1/4,即由图中的 1.630 m 对到 1.635 m,这时,视准轴即与横轴垂直。重复上述操作检查无误后,装上护盖。

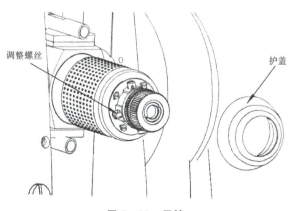

图 5-39 目镜

5.竖盘指标差（Ⅰ角）的检查和校正（同光学经纬仪）

6.横轴垂直于竖轴的检查和校正（同光学经纬仪）

7.光学对点器视准轴与竖轴中心线是否重合的检查和校正

1）检查

将仪器安置在三脚架上,大致整平（不一定要严格整平）。调节图5-40中的目镜帽,看清对点器分划扳。转动调焦手轮,看清楚地上的目标A点。移动仪器或目标,使被对中的目标A点（图5-41）位于分划板的中心。将照准部旋转180°,目标若偏离中心（如偏离到图5-41中的B点）,说明对点器视准轴与竖轴中心线不重合。在高0.8～1.5 m范围内偏移量应小于1 mm。如超差,需校正。

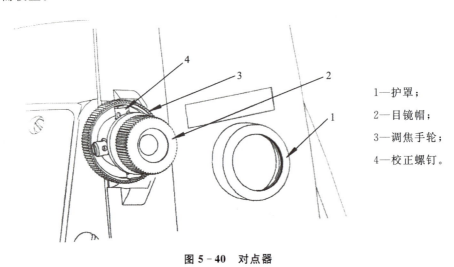

1—护罩；
2—目镜帽；
3—调焦手轮；
4—校正螺钉

图5-40　对点器

2）校正

①旋下对点器护罩。

②通过调整校正螺钉,调整目标偏移量的一半,即将图5-41中位于B点的目标校正到C点。

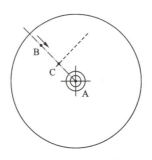

图5-41　光学对点器校正

③调节基座脚螺旋,使分划板的中心对准地面上目标(图 5-41)。

④将照准部旋转 180°,若目标仍偏离中心且超差,应重复上述校正步骤。直至照准部转到任何位置观察时,目标都处于分划板中心。

⑤装上对点器护罩。

出错符号说明(表 5-3)。

表 5-3　出错符号说明

错误提示	错误说明
E01	垂直度盘指标差设置错误或超差
E02	补偿器零点设置错误或超差(水泡未敲平)
E03	视准差设置错误或超差(视准轴垂直于横轴轴线超差)
E04	写内存错误
E05	补偿器精度设置错误
E06	测角系统错误
E07	仪器照准部或望远镜转动过快(超过 4 s/转)
E08	水平盘测角错误

本章小结

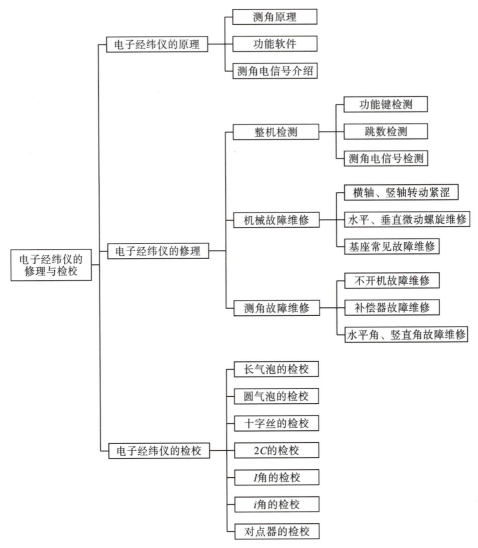

(1) 电子经纬仪竖轴转动紧涩的原因有哪些？

(2) 电子经纬仪滑动基座的常见故障有哪些？

(3)电子经纬仪不开机的故障原因有哪些?

(4)怎样检验电子经纬仪的补偿精度?

(5)怎样校正电子补偿器的零点差(以博飞 DID2-C 电子经纬仪为例)?

(6)怎样检查电子经纬仪的指标差?

(7)指标差、视准差、补偿器零点差的设置方法是什么?

第6章 全站仪的修理与检校

主要内容

本章主要讲述了天宇全站仪的结构原理、拆卸、故障维修和检校。重点讲述了天宇全站仪的测角系统、显示部分、测距部分、水平及竖直制微动部分的故障维修和三轴检校。

知识目标

(1)了解全站仪拆卸时的注意事项。
(2)了解全站仪的工作原理。
(3)掌握全站仪水平、竖直制动的维修。
(4)掌握全站仪测角系统的修理。

能力目标

(1)能独立检定全站仪。
(2)能判定角度测量的故障。
(3)能判定不开机的原因。
(4)能判定补偿器的好坏。
(5)会独立校正2C和指标差。

思政目标

通过本章节对全站仪的学习,切身体会测量仪器在测量工作中的重要性,领悟"工欲善其事,必先利其器"的道理,养成爱护仪器的好习惯,培养良好的职业道德。

6.1 天宇全站仪的结构原理

兼有光电测距、电子测角和测量数据记录的大地测量仪器称为"全站仪",它是全站型电子速测仪的简称。它的出现展示了一种高效的三维坐标测量方法。之后随着微电子技术的发展,特别是将微处理器应用到全站仪上,使其能够对仪器的系统误差进行修正,对其测量过程进行操作和监控,对大量测量数据进行存储和管理,与计算机实现双向通信,将各种测量程序装载到仪器中,完成特殊的测量和放样工作。今天的全站仪是现代化测量和信息化测量工作最有力的助手。

从总体上看,全站仪主要由电子测角系统、电子测距系统和控制系统三大部分组成:电子测角系统可实现水平方向和垂直方向角度的测量;电子测距系统可实现仪器到目标之间的斜距测量;控制系统负责测量过程控制、数据采集、误差补偿、数据计算、数据存储、通信传输等。它广泛应用于控制测量、地形测量、地基与房产测量等的电子测量仪器。但是由于仪器经常在野外使用,在运输途中的震动和缺乏保养措施,仪器的结构可能会发生变化,加上电子元器件的自然老化,容易造成技术指标的降低,为了得到合格的测量成果必须定期对全站仪进行修理和检校。

维修全站仪就像维修电子经纬仪一样,首先要了解全站仪的工作原理、性能、基本结构、保养等知识,同时应具有一定的测量仪器维修经验、电路基本知识和常用电子测试设备的使用经验(如示波器、电压表、稳压电源等)。学会检查、调整和维修仪器。

目前,世界上许多著名的测绘仪器生产厂商均生产有各种型号的全站仪,下面以天宇CTS-632R4系列激光绝对编码型全站仪为例介绍全站仪的修理与检校。

6.1.1 测角原理

1. 测角电路原理结构图(图6-1)

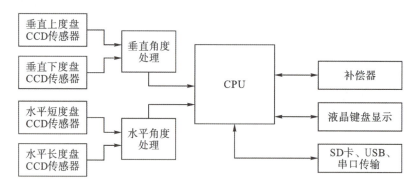

图6-1 测角电路原理结构图

2. 测角工作原理

天宇系列全站仪采用了绝对编码技术,开机不用初始化,测角更加精确。

该系列测角部分的工作原理:通过光电探测器获取特定度盘位置的编码信息。由多路转换器判断出水平盘或是垂直盘工作,所有信息传输到CPU微处理器进行译码,CPU发出各项指令指挥工作,并把运算结果传到显示器显示。为保证测量精度需保持CCD及码盘表面清洁。编辑条纹、绝对编码度盘和测角工作过程见图6-2~图6-4。

图 6-2 编码条纹

图 6-3 绝对编码度盘

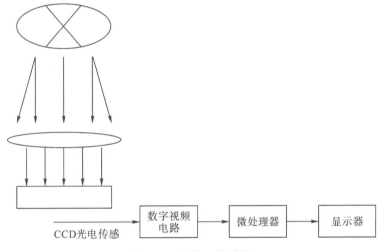

图 6-4 测角工作过程

6.1.2 测距工作原理

1. 测距原理框图(图 6-5)

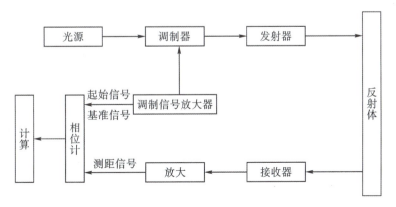

图 6-5 测距原理框图

2. 发射部分

由压控振荡器产生 79.995118 MHz 主振信号调制光进行精尺测量,通过分频电路对主振进行 8 分频,得到粗尺 1,将粗尺 1 进行 8 分频得到粗尺 2,依次类推得到粗尺 3、粗尺 4,然后通过电子开关控制,分别发射进行精、粗尺的测量。

精测尺	1.875 m	测距精度 0.1875 mm
粗测尺 1	15 m	测距精度 1.5 mm
粗测尺 2	120 m	测距精度 12 mm
粗测尺 3	960 m	测距精度 96 mm
粗测尺 4	7680 m	测距精度 768 mm

3. 锁相环

为了提高差频测相精度,稳定主、本振信号,仪器采用了锁相电路。由高稳定的温补振荡器产生 80.000000 MHz 分频后得到 4.882 kHz 信号作为基准,与主、本振信号差频得到的 4.882 kHz 信号进行比相,若主振频率的漂移与本振频率的漂移不一致,混频后的信号不是 4.882 kHz,则比相后产生相位差,经过滤波后产生压控信号去调制压控振荡器,使得主、本振信号差频信号控制在 4.882 kHz。

4. 接收部分

带有距离信息的调制光返回接收系统后,通过接收管将光信号转换成电信号,再经过放大、混频、低通、带通等电路得到一个完整的、便于后续处理的信号。

5. 高压部分

由于接收管为雪崩光电二极管,它的击穿电压设计得很高,工作电压接近于击穿电压,一般为 100~220 V,有的甚至更高。因此,必须有一个电路产生高压,才能让接收管正常工作。为了高压更加稳定,通过单片机采样、判断,输出一个控制电平,反馈给高压电路。

6. 微处理器部分

单片机是整个测距头的核心,测距部分的任何动作都与单片机的控制分不开。仪器的内外光路转换、测距模式(棱镜、无合作)转换、减光电机的动作、光强信号的判别、精粗尺的转换与衔接、测距结果的运算、与中央处理单元的通信、夜照明的开关等控制都是由单片机实现的。

7. 内光路机构

由于电子线路易受温度、电源变化等环境因素的影响而产生相位漂移,为了消除这些漂移带来的误差,在系统中加入一个内光路部件。通过将内、外光路所测距离值相减来消除电子线路所产生的相位漂移,从而达到抑制测量误差的目的。

6.1.3 双轴补偿器

双轴补偿传感器原理(图6-6):从发光二极管发出的红外光经会聚透镜后变成平行光线透过水泡组件,而在水泡的正上方放置4只彼此相距90°的接收光敏二极管,用于接收发光二极管透过水泡发出的光。而后,通过运算电路比较二极管获得的光的强度。当作业中全站仪倾斜时,运算电路实时计算出光强的差值,从而换算成倾斜的位移,将此信息传达给控制系统,以决定自动补偿的值。

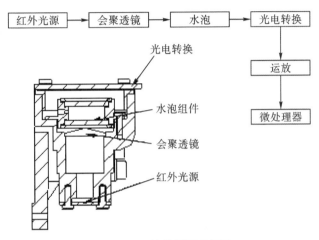

图6-6 双轴补偿原理框图

6.1.4 温度气压传感器

光在大气中的传播速度会随大气温度和气压的变化而变化,22 ℃和1013 hPa是仪器设置的一个标准值。实测时,全站仪会读取当前温度和气压值自动计算大气改正值并对测距结果进行改正。

6.1.5 键盘

键盘是全站仪在测量时输入操作指令或数据的硬件,全站仪的键盘和显示屏均为双面式,便于正、倒镜作业时操作。

6.1.6 存储器

全站仪存储器的作用是将实时采集的测量数据存储起来,再根据需要传送到其他设备(如计算机等),供进一步处理或利用,全站仪的存储器有内存储器和存储卡(SD卡)两种。

6.1.7 通信口

全站仪可以通过 RS-232C 通信接口和通信电缆将内存中存储的数据输入计算机,或将计算机中的数据和信息经通信电缆传输给全站仪,实现双向信息传输。

6.1.8 电源

电源由 5 节容量为 2800 mAh 的可充电锂电池组合而成,正常电压值为 5.5~7 V。

6.1.9 激光对点器

对点器又称对中器,通过调整对点器使被测点与仪器中心(激光光斑)重合。

6.2 天宇全站仪的拆卸

CTS-632R4 系列全站仪具备丰富的测量程序,同时具有数据存储功能、参数设置功能,功能强大,适用于各种专业测量和工程测量。数字键盘操作快速,操作按键采用了软键和数字键盘结合的方式,按键方便、快速,易学易用。创新的 SD 卡功能,支持最大 8G SD 存储卡,可以将 SD 卡设为当前内存,使存储容量无限扩展,方便了采集数据的传输。自动化数据采集采用绝对编码技术实现电子测角,红外激光测距技术实现距离测量。

6.2.1 技术参数(表 6-1)

表 6-1 全站仪技术参数

项目		参数
型号		CTS-632R4
望远镜	成像	正像
	放大倍率	30x
	有效孔径	望远:45 mm 测距:47 mm
	分辨率	3″
	视场角	1°30′
	最短视距	1.5 m
	筒长	152 mm

续表

项目			参数
角度测量	测角方式		绝对编码测角技术
	码盘直径		79 mm
	最小显示读数		1″/5″可选
	精度		2″
	探测方式		水平盘:对经,竖直盘:对经
距离测量	测程*	单棱镜	5 km
		反射片(60 mm×60 mm)	1 km
	免棱镜测量模式	测程(柯达灰,90%反射率)*	$n \times 100$ m
		精度	$\pm(3+2\times10^{-6} \cdot D)$ mm
		测量时间	精测 0.35 s,跟踪 0.25 s
	精度	棱镜	基础频率 80 MHz
		反射片	$\pm(5+2\times10^{-6} \cdot D)$ mm
		无棱镜	$\pm(5+2\times10^{-6} \cdot D)$ mm
	测量时间		精测单次 2 s,跟踪 0.7 s
	测量系统		基础频率 80 MHz
水准器	长水准器		30″/2 mm
	圆水准器		8′/2 mm
系统综合参数	补偿器		双轴液体光电式电子补偿器 补偿范围:±6′,补偿精度:1″
	气象改正		温度气压传感器自动改正
	棱镜常数改正		输入参数自动改正
光学对点器	成像		正像
	放大倍率		3x
	调焦范围		0.3 m～∞
	视场角		±4°
显示器	类型		320×240 点阵高清高亮显示屏
	屏幕尺寸		26 英寸
	数字显示		最大:999999999.999 m 最小:1 mm

续表

项目		参数
电池	电源	可充电锂电池
	电压	直流 7.4 V
	连续工作时间	8 h
数据传输	U 盘、蓝牙	支持
环境温度	使用环境温度	−20～+50 ℃
外形尺寸	外形尺寸	160 mm×150 mm×340 mm
重量	重量	5.4 kg

* 良好天气:阴天、微风、无雾、能见约 40 km。

6.2.2 仪器的拆卸

1.拆卸时注意事项

(1)拆卸仪器前请先准备好螺丝刀、镊子、钳子、六角扳手、静电手腕及酒精等工具,并清洁双手做好拆卸准备。

(2)接触电路板时请做好防静电工作,以防人体静电对电路板元器件造成不必要的损伤。

(3)准备一只托盘或其他容器用来盛放卸下的螺丝及零部件,以防丢失。必要时使用纸笔或相机记录下各个零件、插头等部件的位置、颜色等相关信息,以免因遗忘造成安装错误致使仪器受损。

(4)除了盘左大盖板、测距头盖壳、连接盖板等护盖类部件以外,其他零部件在重新安装后均需要在其固定螺钉或顶丝上点以螺丝紧固剂加固。

(5)请将仪器平稳地安放在合适的工作台上进行拆装操作,以免造成零件丢失或损坏仪器。

2.测距头的拆卸

1)测距盖壳

使用螺丝刀依次卸下 2 块测距头盖上的 8 颗固定螺钉(图 6-7),然后轻轻取下两块测距头盖。注意拆卸时拧紧横轴制动螺旋以防螺丝刀意外划伤仪器。

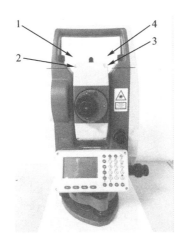

1,2,3,4—固定螺丝。

图 6-7 测距盖壳

2)测距主板

首先,将全站仪调整至盘右状态,然后取下测距头上方的测距盖壳。小心拔出图 6-8 中的发射激光管的排线,排线的拆卸方法为在图中箭头所指的位置用手指轻轻抠出。

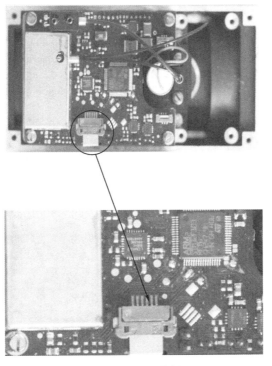

图 6-8 测距主板

如图 6-9 所示,在测距主板正面松开接收光纤头及夜照明接收端的紧固螺丝。使用螺丝刀依次卸下测距主板上的 4 颗固定螺钉。小心拔下所有插头并记录下它们的类型和位置以便安装时参考使用。

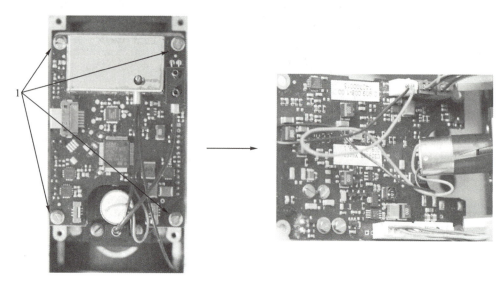

1—固定螺丝。

图 6-9 测距主板

测距主板的分类如图 6-10、图 6-11 所示：图 6-10 为 CTS-632R4 测距主板正面，箭头标注处为夜照明接收座；图 6-11 为 CTS-632R4 测距主板反面，箭头标注处为测距板版本号。右侧主板有三个电机插座，其中最下面一个插座是指此板带免棱镜模式，另外从板子的编号上也可以区分类型。

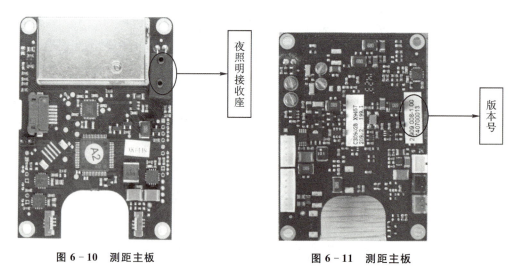

图 6-10 测距主板　　　　图 6-11 测距主板

3) 座组件

拆开另一块测距盖壳，座组件装有发射激光管及马达等光学和机械部件（此块底板请务必注意不要卸掉）。如拆开座组件，务必重调三轴。图 6-12 标注了底板各部分结构。

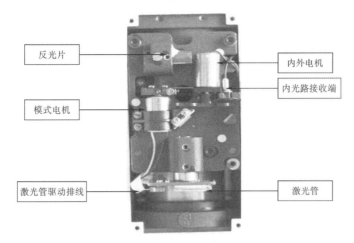

图 6-12 座组件

4）分叉光纤

取下测距主板和配重铁板后，就能看到分叉光纤。松开电机底板上内光路接收头。松开夜照明接收端及分叉光纤固定座就可以取下分叉光纤。

图 6-13 测距头中的分叉光纤

CTS-632R10 系列全站仪所使用的分叉光纤(图 6-14)有四个端头。一根为内光路接收光纤,质地较软,其光纤头连接在内外光路转换马达的后方;一根为外光路接收光纤,质地较脆硬,连接在测距主板下方的光纤座中。两根光纤的另一端封装在同一个光纤头中,称为混合接收端,连接在测距主板上。还有一根为夜照明接收端,连接夜照明接收座。

注意:取出光纤后应妥善保存,防止折断光纤。

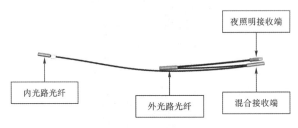

图 6-14　分叉光纤

5)激光管

激光管顾名思义是发出激光的部件,没有激光发射何谈测距,因此显得尤为重要。图 6-15 为激光管的拆卸方法。用内六角螺丝刀拧开两颗螺丝,拔出激光管即可。

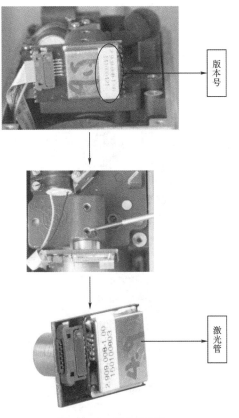

图 6-15　激光管拆卸

至此,测距头部分已基本拆解完毕,电机底板部分不建议随意拆卸,以免因操作不当而导致光斑切光、发射激光不准等故障产生。

3.测角系统拆卸

1)盘左大盖板

依次用螺丝刀松开大盖板上的六颗固定螺丝,注意拆卸时不要用螺丝刀意外划伤仪器。取下测角板(图 6-16)。

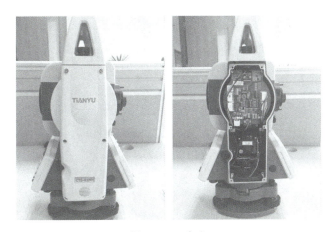

图 6-16　盘左

2)盘右连接盖板

依次用螺丝刀松开连接盖板上的六颗固定螺丝,注意拆卸时不要用螺丝刀意外划伤仪器。取下连接盖板(图 6-17)。

图 6-17　盘右

3)测角板

测角系统所有的数据采集、运算,都是由测角板独自完成的。测角板各外接端口说明如图

6-18所示,在安装时各端口连线请按出厂顺序安装,以免在发生角度错误时给排除故障造成不必要的麻烦。

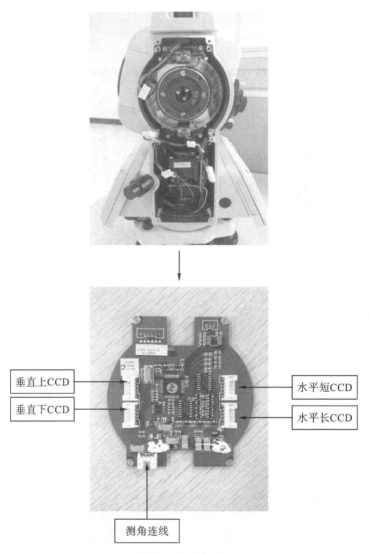

图 6-18 测角板

4)横盘组

如图 6-19 所示,使用螺丝刀依次卸下 A 处 4 颗、B 处 3 颗共 7 颗左横盘组固定螺丝。注意旋转测距头使度盘支架上的螺钉孔对准 A 处的 4 颗螺钉(注意,这 4 颗螺钉分布的对角线是"×"而不是"+")。

图中 C 处表示度盘下方还有 4 颗盘架固定螺钉,其外观要大些。注意拆卸左横轴组时不要拆卸这 4 颗螺钉也就是对角线"+"字排列的螺钉。

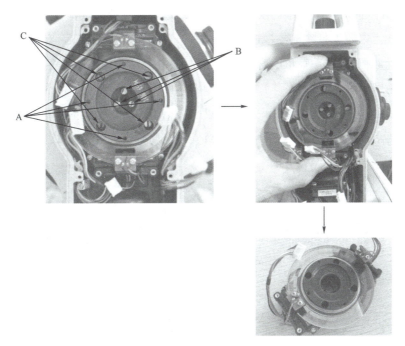

图 6-19　横盘组

用手捏住 2 个 CCD 支架,轻轻向外旋转取出整个左横盘组。注意,绝对编码度盘为玻璃制成,容易损坏,其与测距头连接的轴系部分也非常精密,所以整个拆卸过程要十分小心并在安全的环境下进行。如果发觉轴卡紧难以取出,请发回厂家处理,切勿强行用力拆卸,以免损伤轴系甚至造成卡死无法取出,造成不必要的损失。取下后应妥善保存。

如果需要更换 CCD 传感器,则首先安装好需要更换的 CCD 传感器。然后在度盘的边沿处找到如图 6-20 中圆圈所示的三角形起始标记,或者找到盘架上刻画的零位指示箭头(图 6-21)。这个起始标记指向绝对编码度盘起始编码的所在位置。

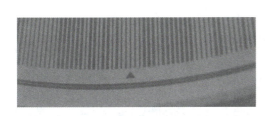

图 6-20　绝对编码度盘起始编码位置

图 6-21　零位指示箭头

如图 6-22 所示,最后安装时保持测距头处于盘左状态,轻轻旋入左横轴组,使其与测距头轴承连接。一只手固定住测距头,另一只手轻轻旋转垂直绝对编码度盘,对准其与机身和测距头之间的螺孔,并且同时使绝对编码度盘上的三角形起始标记处在下垂直CCD组附近,位置基本接近垂直向下。这一步非常重要,如果安装好垂直绝对编码度盘组后,盘左时三角形起始标记不在正确位置,则开机后垂直角度信息就是错误的(并且在校正的时候会提示俯仰角超差)。

翻转垂直绝对编码度盘组,在其背后有一颗铜质圆形横轴背母,使用圆头钳拧下横轴背母。一手握住左横轴套,另一手握住绝对垂直编码度盘,然后轻轻将其从左横轴套中抽出。完成后需妥善保存这两个部件,以免轴面沾染杂物导致安装时横轴卡死(图6-22)。

图6-22 垂直绝对编码度盘组

5)垂直制微动螺旋

取下连接盖板,然后使用六角扳手依次松开(不是卸下)2颗垂直微制动螺旋顶丝,右手拇指按图6-23中箭头方向顶住垂直制动杆下端,左手轻轻抽出垂直制微动螺旋。

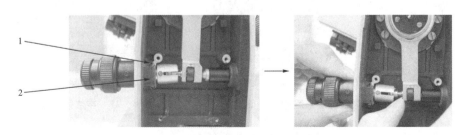

1,2—制动螺丝。

图6-23 垂直制微动螺旋

6) 电刷滑环组件

如图 6-24 所示，使用螺丝刀依次卸下 3 颗滑环线支架固定螺钉，抽出电刷滑环。拔下测距主板上的 6 插 4 针（其中一插是空的）滑环线插头。记录下每根电线的颜色和位置，然后使用镊子将电线从接头中挑出，小心操作以免损坏接头，完成后应妥善保存接头以防丢失。

使用螺丝刀卸下垂直微动环的三颗固定螺丝，取出微动环。

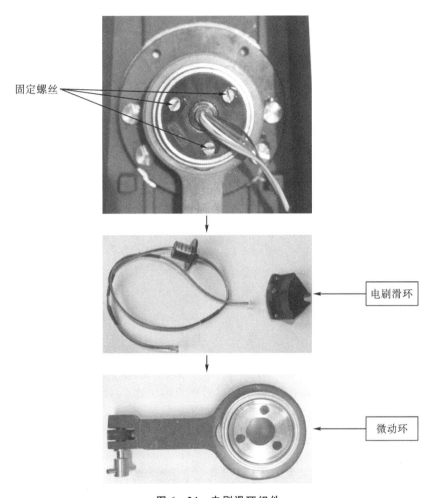

图 6-24 电刷滑环组件

7) 轴瓦

卸下图 6-25 中 A 处轴瓦的四颗固定螺丝，一手扶住机身，一手轻轻抽出轴瓦，如遇到轴瓦卡紧难以取下时，请勿强行取下，以免损伤轴瓦及轴面，应发回厂家处理。

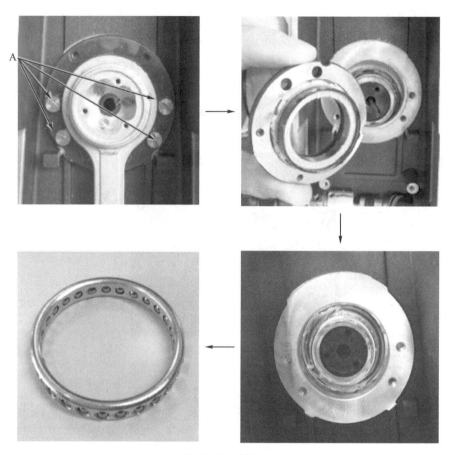

图 6 - 25 轴瓦

8) 测距头

取下垂直盘及轴瓦之后,将测距头原先装有测距板的一面朝上,双手握住测距头两端按箭头方向慢慢提起测距头到提把处,然后取下测距头(图 6 - 26)。请小心操作以免碰伤横轴或跌落测距头,取下的测距头请妥善保管。

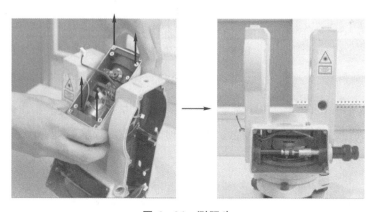

图 6 - 26 测距头

4. 面板、衬板、中央处理板

松开面板的四颗固定螺丝（图6-27），即可拆开面板。倒镜面板下面是 SD 卡衬板，SD 卡衬板下是中央处理板（正镜面板下只有一块衬板，无其他电路板）。由图 6-28 可以看出中央处理板上各个插座的插针数各有差异，在安装的时候尽量不要插错，下面对中央处理板各个插座作详细说明。

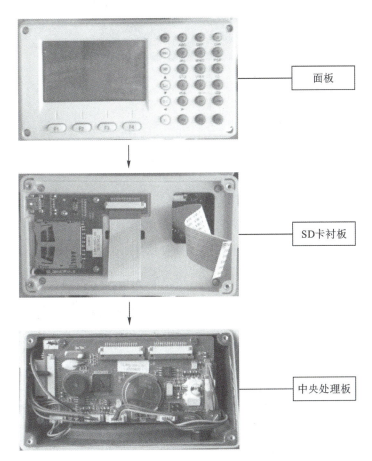

图 6-27　面板、衬板、中央处理板

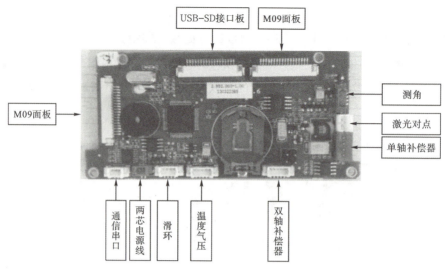

图 6-28 中央处理板

5.电子倾斜补偿器(双轴补偿器)

拔下倒镜面板背后的电子倾斜传感器插头,抽出电子倾斜补偿器连线,然后使用大一字扳手依次卸下底部 2 颗固定螺丝,用手轻轻左右晃动补偿器,慢慢拔出(图 6-29)。

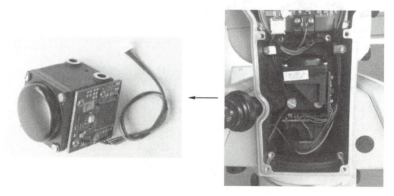

图 6-29 电子倾斜补偿器

6.水平制微动螺旋

卸下盘左位置液晶面板及衬板,然后使用内六角扳手松开 2 颗水平制微动螺旋顶丝(一颗在大身内部,一颗在大身底部)。左手拇指按图中箭头方向顶住水平制动左杆,右手轻轻抽出水平制微动螺旋(图 6-30)。

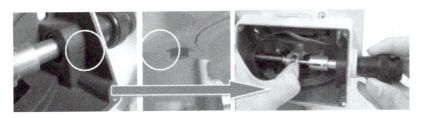

图 6-30 水平制微动螺旋

7. 水平绝对编码度盘组及竖轴组(简称下壳组)

如图 6-31 所示,拔下测角主板上右侧的 2 个水平 CCD 组插头,抽出并理顺 CCD 连线,卸下一只测距头盖板和水平制动螺旋。使用镊子夹出大身中间的三个橡胶盖垫。使用六角扳手依次卸下 3 颗竖轴固定螺钉。双手握紧机身向上慢慢提起,注意避开水平制动环并抽出 2 组水平 CCD 的连线,分离机身上部与下壳组。注意提起机身时应十分小心,以防止碰坏水平 CCD 组或水平绝对编码盘。

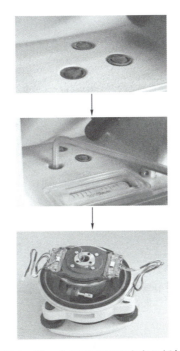

图 6-31 水平绝对编码度盘组拆卸

分离机身上部与水平绝对编码盘组:使用螺丝刀卸下两个水平 CCD 固定螺丝,取下 CCD 后请妥善保管。松开基座固定螺旋,分离基座。翻转整个下壳组,使用螺丝刀卸下下壳护盖螺钉,取下下壳护盖。注意翻转时不要碰坏水平盘。松开下壳护盖下方三颗内六角螺钉,即可取下水平盘组(图 6-32)。

图 6-32 下壳组拆卸

8. 长水泡

使用校正针完全松开长水泡调节螺钉,卸下长水泡固定螺钉,取下长水泡(图 6-33)。

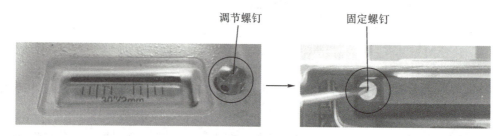

图 6-33 长水泡

9. 对点器

松开光学对点器固定顶丝,轻轻抽出光学对点器,取下后请妥善保管。也有仪器配置的是激光对中,取下方法与光学对中类似,仅多了一根连接在中央处理板上的电源线(图 6-34)。

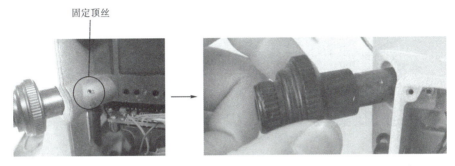

图 6-34 光学对点器

安装时请注意：将全站仪架设在三脚架或者调整台上,无需调平。将光学对点器反光镜面朝下插入机身(不固定顶丝),观察对点器目镜中的成像。手轻轻旋动对中器,直到光学对中器的成像完整,然后拧紧固定顶丝(图 6-35)。

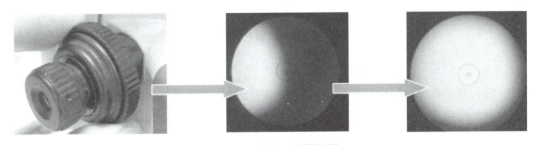

图 6-35 光学对点器调整

如果仪器配置的是激光对中器,其插入方法跟光学对中器一样,连接好对中器电源线,开启激光对中。在仪器下方放置一张画了十字的白纸或者反射板,下激光打到十字上,如果旋转仪器光斑不在十字中心,请调整对中器使激光点尽可能靠近十字中心(图 6-36)。

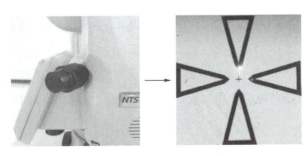

图 6-36 激光对点器调整

如果仪器配置的是内嵌式激光对中器,安装方法完全不一样,整个对点器安装在竖轴组内部,插头也是插在中央处理板的对点器插座位置。图6-37为拆卸激光对中器步骤,拧开下壳内的对点固定螺帽,即可拔出对点器。

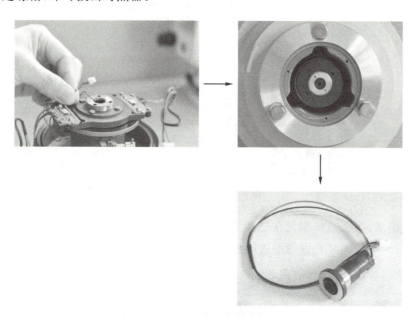

图6-37 内嵌式激光对中器拆卸

以上就是CTS-332R4全站仪整体的拆卸过程。全站仪中还有很多零部件的拆卸未介绍,如马达底板、发光管、马达、内光路棱镜、望远镜筒等,这些部件大部分在装配时需要工厂的特殊仪器进行校正,所以这些零部件请勿自己动手拆卸。

6.3 天宇全站仪的故障检修

6.3.1 测角系统故障检修

角度错误01:垂直上CCD传感器　　角度错误02:垂直下CCD传感器
角度错误03:水平短CCD传感器　　角度错误04:水平长CCD传感器

故障分析:CTS-632R4系列全站仪测角部分采用的是绝对编码盘,为单盘,故不会像光栅度盘那样因盘缝大小造成故障。如果出现了角度错误信息,此款仪器自带角度检测功能,按照检查步骤可以排除故障。

进入测角调试界面的方法:按住"ANG"号键开机,仪器显示白屏,按"F1"键5次,"F4"键5次即可进入调试界面。正常情况下,平均值大于500,幅度值大于250,错误标志为0,说明此时CCD信号正常,编码盘干净。

如图 6-38 所示，依次按数字键 1、2、3、4，则对应垂直上、垂直下、水平短、水平长 CCD，这里我们以垂直上 CCD 为例。"SAverage"为垂直上 CDD 传感器信号值，正常情况下，转动测距头，"信号幅度"会略有变化，要求在静止时不小于 250，否则亦会出现角度错误。错误 F 为 0，说明此 CCD 正常，若为 1 说明此 CCD 故障，或此处编码盘脏或故障。

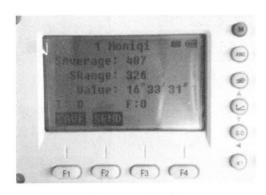

图 6-38　显示屏

我们也可以借助角度检查工装来排除故障。首先，拆开盘左大盖板，拔掉测角板端的测角连线，把工装的连线插在测角连线的位置，如图 6-39 所示。

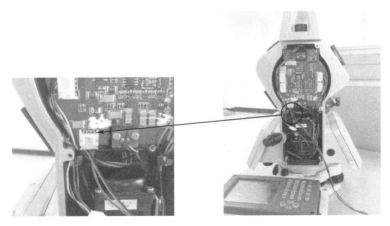

图 6-39　用角度检查工装来排除故障

盖上大盖板做好遮光措施，以免因漏光对故障检查造成干扰。打开工装电源（请先插插头再开电源，因为本机所有端口不支持热插拔，否则可能会损坏电路板），我们可以看到如图 6-40 所示的界面：

 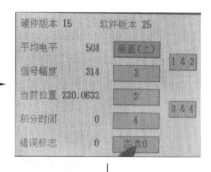

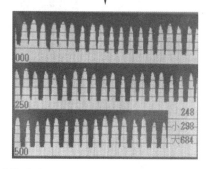

图 6-40　测角系统故障检查图

(1) CCD 信号差，LED 不发光。

解决方法：更换 CCD 传感器。

(2) 盖板漏光，盖板没盖好。

解决方法：盖好盖板，做好避光。

(3) 绝对编码盘落灰（盘脏）。

解决方法：擦盘（图 6-41、图 6-42）。

图 6-41　竖盘擦盘处　　图 6-42　水平盘擦盘处

(4)测角板坏。

解决方法:更换测角板。

备注:本小节以垂直上CCD传感器为例,仪器测角系统另外三个CCD传感器的处理方法类似,这里就不一一赘述。

6.3.2 显示部分故障检修

开机花屏或不开机的故障处理:

(1)电池:电池电压低于6.5 V,正常值为6.5~7.5 V。检查连接盖板上连线有无开焊,触点接触是否良好。

(2)花屏:排线、液晶、连接线是否脱落。液晶屏是否损坏。

(3)电刷滑环组件连接处是否正常,有无短路。

(4)连接到中央处理板的各单元是否有短路现象。

6.3.3 测距部分故障检修

1. 测距头检查步骤

(1)开机后检查马达是否工作,如果不工作,检查供给测距主板的7 V左右工作电压,如果没有故障则需:

①检查中央处理板对电刷滑环线是否有7 V左右电压供出,如果没有则更换中央处理板。

②检查电刷滑环组件是否短路或损坏,若损坏则更换。

(2)检查电机是否有2.5 V左右电压,如果没有更换测距主板,在调测状态下检查马达电压。

①模式马达和内外光路马达一直有2.5 V工作电压。

②减光马达在减光时才有2.5 V工作电压。

(3)检查马达是否卡或损坏,若电机损坏则更换相应电机。

(4)检查是否有激光光斑打出,如果没有,检查测距主板是否供有3.6 V工作电压给激光发射头,如果没有,更换测距主板,如果有,则激光发射头损坏,更换激光发射头。

(5)检查内光路。

测距头调试状态:(南方仪器)按住"*"号键开机,按"F1"键5次,再按"F4"键5次。按"继续"进入测距头调试状态。按"6"号键一次再按数字"1"号键,将光路转换到内光路,此时内光路信号值为70±30。820仪器正常开机后按"菜单",再按"7"号键校准,再按5下"测量1",按5下"角度",进入内光路调试模式,如图6-43所示。内光路值若不在范围内,通过旋转内外胶片来调节内光路。方法:将测距头盖壳打开,松开内外胶片固定螺钉,轻轻旋转胶片可以看到屏幕上

(方框)内光路的光强值在改变,将数值调整到70左右,固定内外胶片固定螺钉(图6-44)。

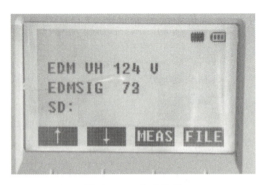
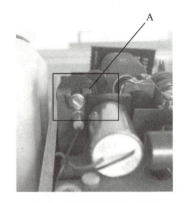

图6-43 内光路值　　　　　　图6-44 测距头内光路

2.测距错误代码简析

E32:减光电机故障,查看减光电机是否卡住或者是测距主板故障。

E33:高压调整回路故障,调整内光路或更换测距主板。

E35:测量过程中内光路出错,调整内光路或更换测距主板。

E36:高压调整过程中内光路故障,调整内光路或更换测距主板。

3.不测距

1)棱镜模式

①激光管:激光管光斑暗淡,更换激光管。

②测距板:进入测距板调试状态发现无高压,或者开机无电机响声,更换测距主板。

③三轴:用工装看仪器的发射和接收的光斑是否在十字丝的中心,不在调至中心。

④光纤:可能存在光纤透光、断了或者信号弱等情况,换光纤。

⑤内外电机:电机不响或者卡,更换电机及导光条。

2)免棱镜模式

同棱镜模式处理方法一样,逐个检查维修。

①模式电机:模式电机转换是否正常,否则更换。

②激光管出镜功率:正常为4.5～5.0 W。

③内外电机卡会造成跳数、乱数,观察电机有卡顿现象更换内外电机。

④激光管:出现跳数、乱数的情况更换激光管看是否能恢复正常。

4.测距乱数、跳数

①进入测距主板调试状态:降低预置高压4 V左右。

②测距主板的接收管故障,直接更换测距主板。

6.3.4 水平、竖直制微动故障维修

1. 水平制微动不起作用

水平制动不起作用的常见故障有两个：一是图6-45里箭头所指的固定螺钉松了，用小起子把螺钉拧紧即可。二是用的时间长了，里面的销子磨短了，用内六角扳手松开2颗水平制微动螺旋上的两个固定手轮的螺钉，顺时针转动手轮直至制动起作用，这时再拧紧两个固定螺丝即可。

水平微动不起作用的常见故障也有两个：一是手轮的两个固定螺钉松了，使微动不起作用，用内六方扳手拧紧即可，如图6-46所示。二是微动顶针丢失，微动也不起作用，解决的办法是装上微动顶针。

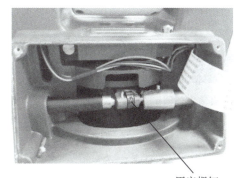

固定螺钉

图6-45 水平制动故障

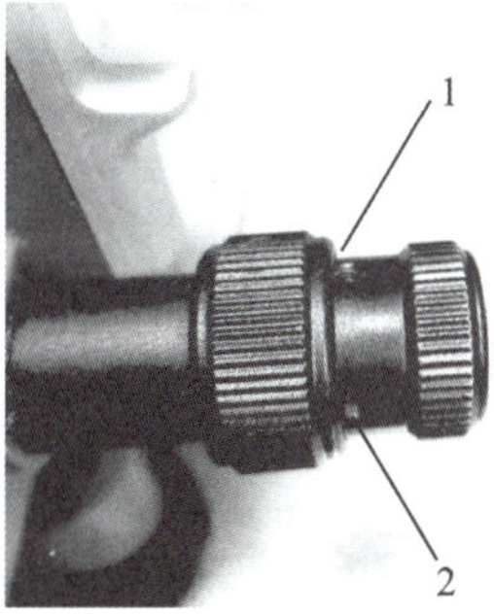

1,2—固定螺钉。

图6-46 水平微动故障

2. 竖直制微动故障

故障的原因和解决的方法同水平制微动的方法，拧螺丝的位置如图6-47所示，这里就不再赘述。

1,2,3—制动螺钉。

图6-47 竖直制动内部图

6.3.5 横轴转动太紧

(1)横轴进灰缺油:把横轴拆下来清洗加油。

(2)横轴变形:研磨横轴。

(3)调整图6-48上箭头指的四个螺钉,调整完后要检查高低差。

图6-48 横轴内部图

6.3.6 望远镜看不清

(1)目镜或物镜太脏:用棉签蘸酒精和乙醚的混合液擦拭。

(2)物镜松动:拧紧物镜。

(3)目镜罩螺丝松了:拧紧固定目镜罩的三个螺钉即可,如图6-49所示。

(4)基座脚螺旋。

1,2—目镜埋头螺钉。

图6-49 目镜

如果脚螺旋出现松动现象,可以调整基座上脚螺旋调整用的 2 个校正螺丝,拧紧螺丝到合适的压紧力度为止。

6.4 天宇全站仪的检校

全站仪在出厂时均经过严密的检验与校正,符合质量要求。但仪器经过长途运输或环境变化,其内部结构会受到一些影响。因此,新购买的仪器到测区后在作业之前均应进行各项检验与校正,以确保作业成果的精度。下面以 CTS-620R4 型全站仪为例介绍全站仪的检校。

1. 外观和键盘功能的检验

(1)仪器表面不得有碰伤、划痕、脱漆和锈蚀;盖板及部件接合整齐,密封性好。

(2)光学部件表面清洁,无擦痕、霉斑、麻点、脱膜等现象;望远镜十字丝成像清晰、粗细均匀、视场明亮、亮度均匀;目镜调焦及物镜调焦转动平稳,不得有分划影像晃动或自行滑动的现象。

(3)长水准器和圆水准器不应有松动;脚螺旋转动松紧适度无晃动;水平和垂直制动及微动机构运转平稳可靠、无跳动现象;仪器和基座的连接锁紧机构可靠。

(4)操作键盘上各按键反应灵敏,每个键的功能正常;通过键的组合读取显示数据及存储或传送数据功能正常。

(5)液晶显示屏显示提示符号、字母及数字清晰、完整、对比度适当。

(6)数据输出接口、外接电源接口完好,内接电池接触良好,内(外)接电池容量充足,充电器完好。

(7)记录存储卡完好无损,表面清洁,在仪器上能顺利装入或取下。

(8)使用中和修理后的仪器,其外表或某些部件不得有影响仪器准确度和技术功能的一些缺陷。

2. 长水准器的检验与校正(同光学经纬仪长水准器的检验与校正)

3. 圆水准器的检验与校正(同光学经纬仪圆水准器的检验与校正)

4. 望远镜分划板

1)检验

①整平仪器后在望远镜视线上选定一目标点,用分划板十字丝中心照准这一点并固定水平和垂直制动手轮。

②转动望远镜垂直微动手轮,使这一点移动至视场的边沿。

③若这一点沿十字丝的竖丝移动,即这一点仍在竖丝之内,则十字丝不倾斜不必校正。

若这一点偏离整丝中心,则十字丝倾斜,需对分划板进行校正。

2)校正

①首先取下位于望远镜、目镜与调焦手轮之间的分划板座护盖,看见4个分划板座固定螺丝(图6-50)。

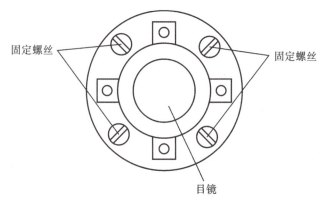

图6-50 分划板座

②用螺丝刀均匀地旋松该4个固定螺丝,绕视准轴旋转分划板座,使这一点落在竖丝的位置上。

③均匀地旋紧固定螺丝,再用上述方法检验校正结果。

④将护盖安装回原位。

5. 横轴垂直于竖轴(高低差)的校正

1)检验

①将全站仪调整至盘左状态并瞄准平行光管的水平光管,全站仪十字丝的竖丝瞄准水平光管中横丝上的某一刻度并记录下来,然后锁紧水平制微动螺旋。

②松开垂直制微动螺旋,旋转望远镜并瞄准平行光管的下光管。记录全站仪十字丝的竖丝与平行光管的下光管横丝相交处的刻度。

③将全站仪调整至盘右状态并瞄准水平光管,用全站仪十字丝的竖丝瞄准水平光管横丝的同一刻度。然后锁紧水平制微动螺旋。

④松开垂直制微动螺旋,旋转望远镜并瞄准平行光管的下光管。比较两次全站仪十字丝的竖丝在平行光管的下光管横丝交点结果之间的误差(计算方法同光学经纬仪横轴垂直于竖轴的检验与校正)。误差结果(高低差)不应超过15″,否则需要校正。

2)校正

如果高低差误差不是很大,可以通过松紧大身与竖轴组固定螺丝来微调(图6-51)。如果误差太大,则需要在大身与竖轴组之间垫纸或刮大身。

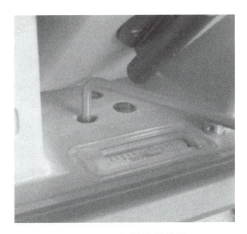

图 6-51　高低差调整图

6. 电子补偿器校正

注意：校正前必须保证管水准器已经校准并且全站仪安平在平行光管校正台上。打开全站仪大盖板将看到如图 6-52 所示的补偿器。

按住"F2"键开机，按 5 次"F1"键，再按"F4"键 5 次，进入补偿器调试界面。

在这里我们要求 X、Y 的数值在±1000 以内（图 6-53），如果补偿器在调试状态下超出了这个范围则补偿器需要调整。调整方法如图 6-54 所示，用一字大螺丝刀松开补偿器的两个固定铜螺丝，捏住补偿器轻轻左右摆动，先把 X 数值调到范围之内，然后固定螺丝，如果仪器高低差没什么问题，则拧紧补偿器固定螺丝后 Y 的数值也会回到要求范围之内。

图 6-52　补偿器

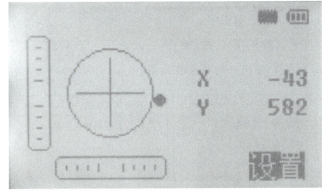

图 6-53　补偿器调试界面

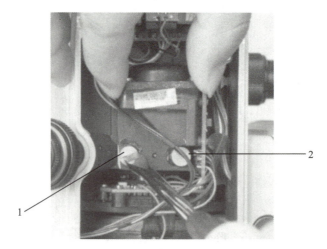

1,2—固定螺钉。

图 6-54 补偿器

注意：调整完补偿器数值之后需要对补偿器零位进行校正，若不进行校正则会对仪器的 i 角造成影响，进而也会影响到仪器的高程。

7. 倾斜传感器零点误差检校

当仪器精确整平后，补偿器倾角的显示值应接近于零。如果不接近于零，则存在倾斜传感器零点误差，会对测量成果造成影响。

1) 检验

① 精确整平仪器。

② 将水平方向置零。

③ 进入校正模式，按[▼]键进入到下一页，再按"F1"键进入零点误差校正屏幕（图 6-55），显示 X 和 Y 方向上的当前改正值。

 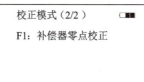 

图 6-55 补偿器零点校正

④ 等显示稳定后读取自动补偿倾角值 X1 和 Y1。

⑤ 旋转照准部 180°，等读数稳定后读取自动补偿倾角值 X2 和 Y2（图 6-56）。

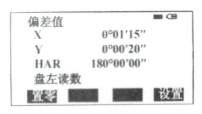

图 6-56 补偿器零点校正

⑥按下面的公式计算倾斜传感器的零点偏差值：

X 方向的偏差＝(X1＋X2)/2

Y 方向的偏差＝(Y1＋Y2)/2

2)校正

如果所计算的偏差值都在±20″以内则不需校正，否则按下述步骤进行校正。

①在检验第⑥步中按"F4"设置键并将水平角值置零，屏幕显示盘右读数。

②旋转照准部使 HAR 为 0°00′00″，稍等片刻按"F4"设置键存储 X1 和 Y1 的值。屏幕显示出 X 和 Y 方向上的原改正值和新改正值(图 6-57)。

图 6-57 补偿器零点校正

③确认校正改正值是否在校正范围内，如果 X 值和 Y 值均在 400±30 校正范围内，按 F4[是]键对改正值进行更新并返回到校正菜单进行下一步骤，如果超出上述范围，按 F3[否]键退出校正操作，需要修理(按"6.电子补偿器校正步骤进行")。

④按照检验的①～⑥步骤重新进行检验，如果检验结果在±20″之内则校正完毕，否则要重新进行校正，如果校正超过 2 次均超限，需要修理。

8.视准轴与横轴的垂直度

1)检验

①在与仪器同高的远处设置目标 A，精确整平仪器并打开电源。

②在盘左位置将望远镜照准目标 A，读取水平角(例：水平角 $L=10°13′10″$)。

③松开垂直及水平制动手轮转动望远镜，旋转照准部盘右照准同一目标 A 点 照准前应旋紧水平及垂直制动手轮，并读取水平角(例：水平角 $R=190°13′40″$)。

④$2C=L-(R+180°)=-30″>±20″$，需校正。

2）校正

①用水平微动手轮将水平角读数调整到消除 C 后的正确读数：

$R+C=190°13'40''-15''=190°13'25''$。

②取下位于望远镜目镜与调焦手轮之间的分划板座护盖，调整分划板上水平左右两个十字丝校正螺丝，先松一侧后紧另一侧的螺丝，移动分划板使十字丝中心照准目标 A。

③重复检验步骤，校正至 $|2C|<20''$。

④将护盖安装回原位。

9. 竖盘指标零点自动补偿器检查

①安置和整平仪器后，使望远镜的指向和仪器中心与任一脚螺旋 X 的连线相一致，旋紧水平制动手轮。

②开机后指示竖盘指标归零，旋紧垂直制动手轮，仪器显示当前望远镜指向的竖直角值。

③朝一个方向慢慢转动脚螺旋 X 至约 10 mm 圆周距时，显示的竖直角随着变化消失出现"补偿超限"信息，表示仪器竖轴倾斜已大于 3'，超出竖盘补偿器的设计范围。当反向旋转脚螺旋复原时，仪器又复现竖直角在临界位置，可反复试验观其变化，表示竖盘补偿器工作正常。

当发现仪器补偿失灵或异常时，应修理。

10. 竖盘指标差和竖盘指标零点设置

1）检验

①安置整平好仪器后开机，将望远镜照准任一清晰目标 A，得竖直角盘左读数 L。

②转动照准部 180°，再照准 A，得竖直角盘右读数 R。

③若竖直角天顶为 0°，则 $i=(L+R-360°)/2$。若竖直角水平为 0°，则 $i=(L+R-180°)/2$ 或 $(L+R-540°)/2$。

④若 $|i|\geq 10''$ 则需对竖盘指标零点重新设置。

2）设置

①整平仪器后，进入设置菜单（2/2）下的校正模式，显示如图 6-58 所示。

```
校正模式（1/2）
F1：补偿器零点校正
F2：垂直角零基准
F3：仪器常数
F4：时间日期
```

图 6-58 竖盘指标设置 1

②按"F2"键，在盘左水平方向附近上下转动望远镜，待上行显示出竖直角后，转动仪器精

确照准与仪器同高的远处任一清晰稳定的目标 A，显示如图 6-59 所示。

图 6-59　竖盘指标设置 2

③按"F4"键，旋转望远镜，盘右精确照准同一目标 A，按"F4"键，设置完成，仪器返回测角模式，显示如图 6-60 所示。

图 6-60　竖盘指标设置 3

④重复检验步骤重新测定指标差。若指标差仍不符合要求，则应检查校正（指标零点设置）的三个步骤的操作是否有误，目标照准是否准确等，按要求再重新进行设置。

⑤经反复操作仍不符合要求时，需修理。

若新置入的 i 角值与仪器原先的 i 角值相差 $1'$ 以上，需强制置 i 角。

方法：在步骤 3 盘右精确照准同一目标 A 后按"F1"（设置）键。

零点设置过程中所显示的竖直角是没有经过补偿和修正的值，只供设置中参考，不作他用。

11. 三轴的检查与校正

三轴：视准轴、发射轴、接收轴（发射轴和接收轴是以视准轴为标准的，如果三轴不同轴，最明显的问题是近距离测、远距离不测，如果太偏，甚至近距离也不测）。

注意：调试三轴前，务必首先校正好 $2C$。

注意：切勿直视目镜，以免激光对眼睛造成不可逆转的伤害。

1）发射轴

架好仪器，在仪器对面 10 m 处的墙上画一个"十"字，或是放置一块反射板，调整目镜使目镜十字丝对准墙上的十字中心。开机进入用户界面，点击"·"号键，开启激光指示。此时全站仪测距头有激光射出。若仪器的发射轴没有偏差，则发射激光点与反射板十字中心重合。若不重合则需要调整发射轴。

使用一字小螺丝刀松或紧底板下方的两个调整螺丝来调整光斑的左右位置；略微松开反光板固定螺丝，轻轻转动反光板可以调整光斑的上下位置。通过调整这两处位置就可以把光斑调到十字中心了（图 6-61）。

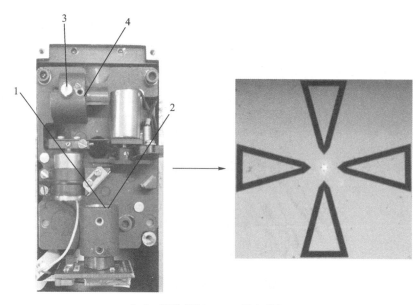

1,2—调整螺钉；3,4—固定螺钉。

图 6-61　发射轴调整

2）接收轴

将分叉光纤的接收端从测距主板上取下，将其对准一光源，最好是点光源。用经纬仪物镜对准全站仪物镜，在全站仪目镜处放置一白板或白纸，调节经纬仪调焦螺旋找到经纬仪的十字丝，然后轻轻上下左右微动全站仪测距头直至可以在经纬仪中看到一亮区，通过制微动螺旋固定全站仪测距头，然后调节全站仪的调焦螺旋使得通过经纬仪可以清晰地看到全站仪的十字丝。将经纬仪的十字丝与全站仪的十字丝重合，开启点光源的电源。若全站仪接收轴没有偏差，可以在经纬仪的目镜中看到如图 6-62 所示的光斑。

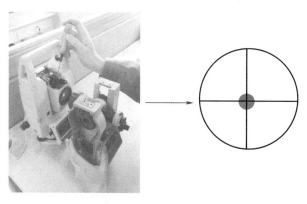

图 6-62　接收轴调整

若接收轴存在偏差,就会看到如图 6-63 所示的光斑,光斑不在十字中心。如果看不到光斑则需要上下移动外光路接收光纤铜柱端,调节外光路接收光纤使成像清晰,然后拧紧顶丝固定光纤的位置,接着松开光纤底座 A 处的 2 颗固定螺钉(图 6-64),调节光纤座的位置使光斑在十字中心。最后点上螺丝紧固剂,装好测距头。

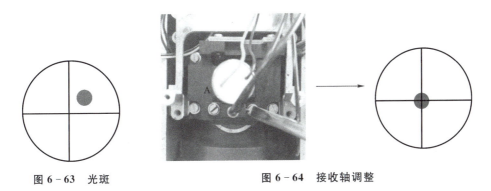

图 6-63　光斑　　　　　　　图 6-64　接收轴调整

12. 对点器

将全站仪架设在三脚架或校正台上,然后在脚架下方放置一张画有交叉十字线的白纸或反光板,移动白纸将十字交叉点与光学对点器中心重合,然后固定白纸。旋转机身 180°后光学对点器中心必须仍然与白纸上的十字线中心重合,否则说明光学对点器需要校正。如图 6-65 所示,旋转机身 180°后光学对点器中心与白纸上的十字线中心不重合,需要校正。原则是用校正针校正一半,再用脚螺旋校正一半。旋开光学对点器校正螺钉护盖。用校正针调节 4 颗光学对中器校正螺钉,注意调整螺钉时要先松后紧。

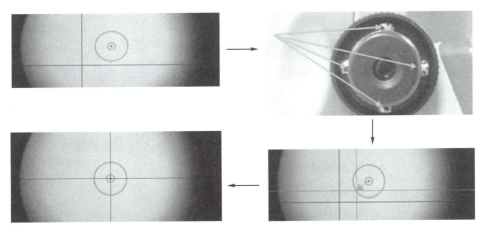

图 6-65　对点器调整图

如图 6-65 所示,使光学对点器中心点移动至红色十字线中心,即与白纸上十字线中心的距离缩短一半,然后使用基座脚螺旋调节光学对点器中心点,使其与白纸上十字丝中心重合。完成后,重新对光学对点器进行检验,如果仍然存在误差则按照上面的步骤重复操作。

如果仪器配置的是激光对点器,则需要对激光对点器进行校正。开机进入用户界面,按一下"＊"号键,再按"F4"选择"对点",进入对点器开关模式,选择对点器开(图 6-66)。

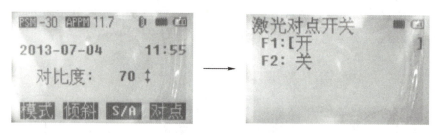

图 6-66　激光对点器界面

激光对点器的调试方法与光学对点器的调试方法类似(图 6-67)。如果是内嵌式则无需调节。

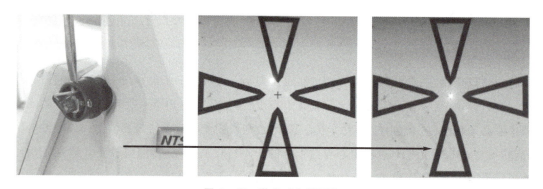

图 6-67　激光对点器调整

13. 仪器常数(K)检校

仪器常数在出厂时进行了检验,并在机内做了修正,使 $K=0$。仪器常数很少发生变化,但建议此项检验每年进行一或两次。此项检验适合在标准基线上进行,也可以按下述简便的方法进行。

1) 检验

①选一平坦场地在 A 点安置并整平仪器,用竖丝仔细在地面标定同一直线上间隔 50 m 的 B、C 两点,并准确对中地安置反射棱镜(图 6-68)。

②仪器设置了温度与气压数据后,精确测出 AB、AC 的平距。

③在 B 点安置仪器并准确对中,精确测出 BC 的平距。

④可以得出仪器测距常数:$K=AC-(AB+BC)$,K 应接近等于 0,若 $|K|>5$ mm 应送标准基线场进行严格的检验,然后依据检验值进行校正。

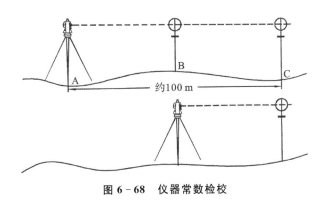

图 6-68　仪器常数检校

2）校正

经严格检验证实仪器常数 K 不接近于 0，已发生变化，如果须进行校正，将仪器常数按综合常数 K 值进行设置，在主菜单下的校正模式下按"F3"进行仪器常数 K 的设置。

注意：①应使用仪器的竖丝进行定向，严格使 A、B、C 三点在同一直线上。B 点地面要有牢固清晰的对中标记。

②B 点棱镜中心与仪器中心重合一致，是保证检测精度的重要环节，因此，最好在 B 点用三脚架和两者能通用的基座，如三爪式棱镜连接器及基座互换时，三脚架和基座保持固定不动，仅换棱镜和仪器的基座以上部分，可减少不重合误差。

本章小结

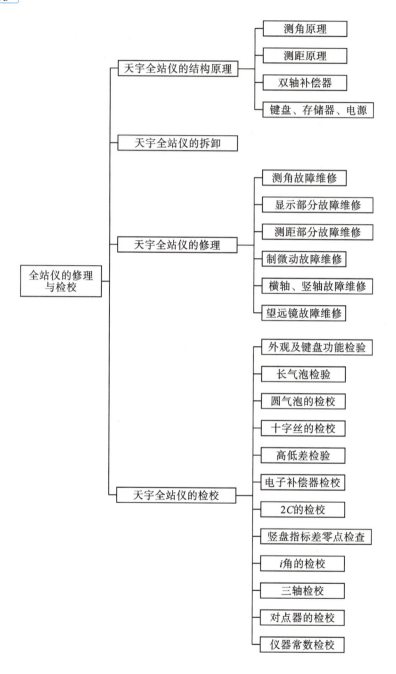

练习题

(1) 简述全站仪测角的工作原理。

(2) 全站仪双轴补偿的原理是什么?

(3) 拆卸全站仪时的注意事项有哪些?

(4) 全站仪显示部分的故障有哪些?应怎样处理?

(5) 全站仪垂直角补偿精度怎么检查?

(6) 全站仪不开机的原因有哪些?

(7) 全站仪外观和键盘功能的检查有哪些?

(8)怎样检查全站仪的高低差?

(9)全站仪的测距三轴指的是什么?怎样检查全站仪的三轴?

(10)怎样检查全站仪的视准轴和横轴的垂直度?

第7章 全球导航卫星系统 GNSS 接收机

主要内容

GNSS 接收机设备各异,从应用角度上可以分为测地型、导航型和授时型。本章主要介绍华测 X900 接收机常见问题及解决方法、南方测绘 RTK 常见问题及解决方法和 GNSS 接收机的检校方法。

知识目标

(1) 了解 GNSS 接收机的作用。
(2) 了解 GNSS 接收机的工作原理。
(3) 掌握华测 X900 接收机常见问题及解决方法。
(4) 掌握 GNSS 接收机的检校方法。

能力目标

(1) 能检定 GNSS 接收机。
(2) 能判定 GNSS 接收机不开机的原因。
(3) 能解决注册码问题。
(4) 能解决移动站问题。
(5) 掌握 GNSS 接收机的性能要求。

思政目标

通过本章节的学习,了解我国自己的卫星导航系统,切身体会科技兴国的重要性,学习科技工作者的爱国精神、奉献精神、科技报国精神,增强民族自豪感。

7.1 华测 X900 接收机

全球导航卫星系统,简称 GNSS(Global Navigation Satellite System),它泛指所有的卫星导航系统,包括全球的、区域的和增强的卫星导航系统。如美国的 GPS、俄罗斯的 GLONASS、欧洲的 Galileo、中国的北斗卫星导航系统,以及相关的增强系统,如美国的 WAAS(广域增强系统)、欧洲的 EGNOS(欧洲地球同步卫星导航重叠服务系统)和日本的 MSAS(多功能卫星增强系统)等,还涵盖在建和以后要建设的其他卫星导航系统。国际 GNSS 系统是个多系统、多层面、多模式的复杂组合。

全球导航卫星系统(GNSS)可为用户提供高精度、全天时、全天候的定位、导航和授时服务,是测绘仪器的重要发展方向,现已在控制测量、工程测量、测绘工程中广泛应用,作为测绘工作者,有必要掌握 GPS 接收机的使用、保养、维修等常见问题的解决方法,以及接收机的精度是否满足要求的检测方法,以获得高质量的测量成果。

全球导航卫星系统主要由三大部分组成,即空间卫星部分、地面监控部分和用户部分。全球导航卫星系统的空间卫星部分和地面监控部分是用户应用该系统进行导航和定位的基础。用户只有通过用户设备(即 GNSS 接收机)才能实现应用 GNSS 进行测量和导航、定位的目的。

GNSS 接收机一般由天线、接收机和控制器组成。主要任务是接收 GNSS 卫星发射的信号,以获得必要的导航和定位信息等观测数据,并经数据处理完成测量和导航、定位的工作。

GNSS 接收机按用途可分为测地型、导航型和时钟型。测量上普遍使用测地型接收机,测地型接收机主要用于精密大地测量、工程测量、地壳形变测量等领域。这类仪器主要采用载波相位观测值进行相对定位,定位精度高。本节主要介绍华测 X900 接收机的外部结构、常见问题及解决方法。

7.1.1 接收机部分说明

熟练掌握接收机面板按键功能、指示灯含义,对于正确使用接收机有很大帮助,可以大大提高工程实施的作业效率。

<u>1.接收机外观(图 7-1)</u>

接收机各指示灯及按键,详细说明见表 7-1。

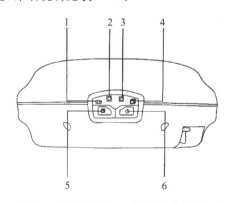

1—电源灯;2—卫星灯;3—差分信号灯;4—数据采集灯;5—切换键;6—电源键。

图 7-1 接收机外观

表 7-1　各指示灯及按键详细说明

名称	颜色	含义
①电源灯	红色	长亮——电量充足
		闪烁——电量不足
		开机连闪 3 次——蓝牙启动成功
②卫星灯	蓝色	每隔 5 s 闪 1 次——正在搜星
		每隔 5 s 连闪 N 次——搜星完成,卫星颗数 N
③差分信号灯	绿色	不亮——没有差分信号
		每隔 1 s 闪 1 次——基站发送差分数据/移动站接收到差分数据
④数据采集灯	橙黄色	静态模式下 N 秒间隔闪烁,正在按 N 秒采样间隔采集静态数据
		与外部设备连接时闪烁,正在与外部设备保持数据通信
⑤动静态切换键	—	长按 3 s 切换动静态模式
⑥电源键	—	按 1 s 开机,长按 3 s 关机

接收机开机默认为 RTK 模式,如需切换到静态模式,按住切换键不放,直到数据采集灯熄灭时松开,切换为静态模式。若需从静态模式切换到 RTK 模式,按住切换键不放,直到 4 个灯同时闪烁时松开,切换为 RTK 模式。检查接收机处于何种工作模式:快速按下切换键时,差分信号灯亮为静态模式,数据采集灯亮为 RTK 模式。这里要注意别混淆,在采集数据时数据采集灯是会随采样间隔闪烁的。

2. 接收机底部（图 7-2）

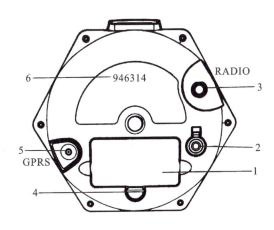

1—电池盒;2—串口;3—电台天线接口(RADIO);4—电池仓盖旋钮;5—天线接口(GPRS);6—序列号。

图 7-2　接收机底部

串口主要用于连接计算机、使用电台数据线输出差分数据。电台天线接口用于连接棒状天线。

7.1.2 华测 X900 接收机常见问题及解决方法

首先仔细检查接收机的连线确保所有的连线正确可靠,其次检查连接电缆是否破旧或损坏。

1. 电源问题

接收机不能开机:

①原因:电池没电了。

　　解决办法:换充满电的新电池。

②原因:电池触片没有正确接触电池。

　　解决办法:用钳子调整电池触片,使它与电池正确接触。

2. 接收机问题

(1)接收机不能和计算机或手簿连接。

①原因:没有使用正确电缆连接。

　　解决方法:使用正确的电缆连接。

②原因:用于接收机连接的端口不在命令模式。

　　解决方法:检查端口设置,选择正确端口。

③原因:电缆损坏。

　　解决方法:换一个好的电缆。

(2)接收机跟踪的卫星太少。

①原因:截止高度角的值太大。

　　解决方法:降低截止高度角。

②原因:测站周围有障碍物(密林、高楼等)。

　　解决方法:想办法换视野开阔的地区。

(3)有差分信号(差分信号灯正常闪),但接收机不能差分(不能浮动或固定)。

①原因:没有足够的卫星。要想得到固定解,基准站和流动站应跟踪到至少5颗公共卫星。

　　解决办法:检查移动站卫星情况和截止高度角;想办法换卫星数量足够的环境,遇上卫星少的时段需等待情况好转;检查基准站卫星情况和截止高度角;换卫星数量足够的环境,重新启动基准站。

②原因:卫星几何图形太差(PDOP/GDOP 值太大)。

　　解决办法:等待 PDOP 值变小后再测量。

③原因:基准站坐标不正确。

解决办法:重新启动基准站(用已知点启动时,检查已知点是否正确)。

④原因:基准站和移动站所用差分电文格式不一致。

解决办法:检查基准站和移动站差分格式(默认为CMR)。

(4)没有差分信号(差分信号灯不亮),或差分信号不连续(标准1 s一次)。

①原因:基准站和流动站电台频率不一致。

解决方法:保证基准站DL3电台和移动站电台频率一致。

②原因:基准站发送的波特率与电台不支持。

解决办法:改正基准站发送波特率(测地通【基准站选项】)为9600,DL3电台支持的波特率是9600。

③原因:移动站距离基准站太远。

解决方法:增大基准站发送功率,或架中继站延伸电台覆盖范围;适当架高发射天线。

④原因:遇到电台信号盲区(空旷地方)。

解决办法:调整电台功率或频率,直到情况好转。

⑤原因:电台供电电池电压不足。

解决办法:使用前充足电池电量;根据具体情况减小功率,节约用电。

⑥原因:基准站、电台和发射天线的连接不好。

解决办法:检查电缆接头的接触是否良好,有无松动。

(5)接收机不记录静态数据。

①原因:被设置了"禁止"记录数据。

解决方法:使用下载软件→【接收机设置】检查"数据记录方式",将其改正确。使用下载软件→【接收机设置】检查"数据输出方式",将其改正确。

②原因:内存已满。

解决办法:使用下载软件清除无用的数据。

3. 蓝牙问题

(1)手簿不能连接蓝牙。

①原因:设备端口配置不对。

解决方法:打开蓝牙设置→【COM端口】检查各设备对应的端口,若没有所连设备,则删除无用设备后,重新建立连接。

②原因:没有彻底删除无用设备(应该先删除【COM端口】的连接,再删除【设备】的合作关系),重建蓝牙连接时【COM端口】端口(COM8或COM9)被占用。

解决办法:复位手簿,恢复出厂设置,重新装测地通。

(2)搜索不到蓝牙接收机。

①原因:接收机蓝牙模块处理器忙。

解决方法:关掉接收机,再开后重新连接蓝牙。

②原因:设备超出蓝牙无线通信的覆盖范围。

解决办法:移动到蓝牙覆盖范围内。

4. 电台问题

(1)电台显示"电压太低"。

①原因:保险片使用时间长,损耗功率增加。

解决办法:更换新的保险片。

②原因:发射天线没连接好。

解决办法:检查天线连接。

(2)电台不发射(电台灯不闪,电压无变化),或发射不连续(标准 1 s 一次)。

①原因:基准站没有成功启动。

解决方法:重新启动基准站。

②原因:数据线没有接好(或损坏)。

解决办法:交换数据线两头接口再试。

③蓄电池电压低:降低电台发射功率或换电压充足的电池。

(3)电台不能开机。

原因:电源供电正负极接反,保险片烧坏。

解决办法:更换保险片,正确连接电源。

7.2 南方测绘 RTK 常见问题及解决方法

随着全球导航卫星系统技术的快速发展,RTK(Real-time kinematic)测量技术也日益成熟,RTK 测量技术逐步在测绘中广泛应用。RTK 测量技术因其实时性和高效高精度的特性,在图根控制测量和碎步测量中得到了充分发挥。

实时动态(RTK)测量系统,是 GNSS 测量技术与数据传输的结合,是 GNSS 测量技术中的一个突破。RTK 测量技术是以载波相位观测量为根据的实时差分 GNSS 测量技术,其基本思想为"在基准站上设置 1 台 GNSS 接收机,对所有可见的 GNSS 卫星进行连续地观测,并将其观测数据通过无线电传输设备,实时地发射给用户观测站(移动站)"。在用户观测站上,GNSS 接收机在接收 GNSS 卫星信号的同时,通过无线电接收设备,接收基准站传输的数据,然后根据相对定位原理,实时地解算整周模糊度未知数,并计算、显示用户站的三维坐标及其精度。通过实时计算的定位结果,可以监测基准站与用户站观测成果的质量和解算结果的收敛情况,实时地判断解算结果是否成功,从而减少冗余观测量,缩短观测时间。RTK 测量系统一般由以下 3 个部分组成:GNSS 接收设备、数据传输设备、软件系统。数据传输系统由基准站的发射电台与移动站的接收电台组成,它是实现实时动态定位测量的关键设备。软件系统则应具有实时解算出移动站的三维坐标的功能。RTK 测量技术除具有 GNSS 测量的优点外,还具有观测时间短和能实现坐标实时解算的优点。RTK 测量系统的开发,为 GNSS 测量工作的可靠性和高效率提供了保障,这对 GNSS 测量技术的发展和普及具有重要的意义。

RTK 主要由移动站和基准站两大部分组成,如图 7-3 所示。

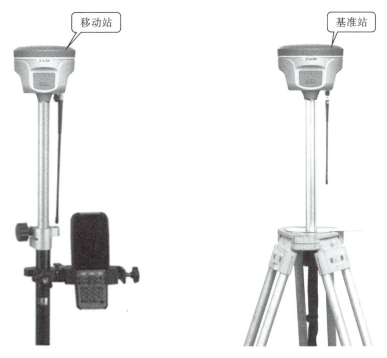

图 7-3 RTK

7.2.1 开关机问题

1. 不能开机

1)内置电池

(1)电量过放引起电池进入保护状态。

请先确认适配器和充电线是否正常。可将适配器插入 TYPE-C 的设备中进行确认。插入厂家标配的充电适配器,查看充电指示灯是否亮起,正常为常亮蓝色灯,如出现蓝色灯不断闪烁的情况,可用配备的手簿充电器进行充电,如手簿充电器正常,说明电池进入保护状态。如出现插入适配器蓝色灯没有亮起的情况,可交付售后进行修复处理。

(2)电池耗完电导致不开机。

插入厂家标准适配器后充电超过 4 小时,查看绿灯是否亮起,如无绿色灯亮起可交付售后服务进行修复处理,如已亮起绿色指示灯说明充电完成,可正常开机。

(3)按键异常。

在确认上面(1)和(2)无异常情况下,可能是按键异常所引起的无法开机。检查按键是否出现损坏,按下去是否可以正常回弹,如不能弹起,修复按键,如按键能正常弹起,电池处于充满电状态,还是无法开机,可交付售后服务进行修复处理。

2)外置电池

确认适配器和充电线是否正常的方法是查看座充的 power 指示灯是否亮起。如不亮,需修复。

(1)电量过放引起电池进入保护状态。

插入电池在原厂的座充适配器上,观察座充指示灯是否为红色,如为红色则说明适配器正常识别到电池,并开始充电。如无红灯亮起,请稍等 30 分钟后再次观察指示灯是否亮起为红色,如红色指示灯没有亮起,说明电池进入保护状态异常或电池已损坏,可更换电池。

(2)电池耗完电导致不开机。

以上操作正常,可能是电池处于没电状态,可将电池插入原厂的座充适配器,进行超过 5 小时的充电,5 小时充电后观察充电指示灯是否为绿色,如为绿色表示电池已充满电,如出现一直处于红色灯状态则表示电池没有充满或电池已损坏,建议更换电池。

(3)电池仓松动引起接触不良。

把电池装入主机电池仓后,盖紧电池仓,手动摇晃。如听见有异响,可能是电池仓和电池之间出现了松动,建议更换电池或交付售后服务进行修复处理。

(4)按键异常。

检查按键是否有出现损坏,按下去是否可以正常回弹,如不能弹起,需修理;如按键能正常弹起,电池处于充满电状态,还是无法开机,需修理。

(5)电源板异常。

如更换电池后仍无法开机,可尝试插入五芯线供电开机,如五芯线能正常开机,则是电源板存在异常,需修理。

2. 开机无法进入系统

异常断电引起的文件系统损坏,导致无法进入系统:

(1)如使用 210825 及以上版本的主机,在遇到系统异常无法进入系统的情况下,主机会自动启动 3 次以上后,进入备份系统。进入备份系统后先临时正常工作,建议不要立即关机,放置约 5 分钟时间,此时的系统正在修复正式系统损坏的问题。

(2)如无法确认主机固件版本,使用 QL 助手通过串口线,使主机强制进入备份系统,进行修复。进入备份系统后先临时正常工作,建议不要立即关机,放置约 5 分钟时间,此时的系统正在修复正式系统损坏的问题。

如以上方案无法解决,需修理。

3. 无法关机

系统文件损坏导致的无法关机:

(1)如使用内置电池的主机为 1 个按键(仅一个电源键),长按电源键 40 s,主机进入强重启。

(2)如使用内置电池的主机为 2 个按键(一个电源键、一个功能键),长按功能键 40 s,主机进入强重启。

4. 开机后自动关机

电池电量不足引起的自动关机:

(1)若为内置电池主机,使用适配器进行主机充电超过 5 分钟,然后尝试开机。

(2)若为外置电池主机,更换电池尝试开机。

5. 开机后自动重启

系统损坏导致的自动重启:使用 QL 助手通过串口线,重刷系统。

7.2.2 蓝牙、Wi-Fi 连接问题

1. 蓝牙问题

1)蓝牙搜索不到

(1)主机蓝牙模块异常:

主机进行自检,查看主机蓝牙是否自检通过。如蓝牙自检失败,需修理。

(2)主机蓝牙使能被关闭或可见被关闭:

先进行上述第一步操作蓝牙自检,如自检成功,还是搜索不到蓝牙,可以先通过手簿和手机或电脑的 Wi-Fi 功能搜索连接到该主机的 Wi-Fi 热点,然后在浏览器地址栏输入"http://10.1.1.1",默认用户名和密码均为"admin"。登录网页后台,点击"网络设置"-"蓝牙设置"在蓝牙设置里面查看蓝牙使能和可见是否为√选状态。如没有√选,需√选,打开后重启主机,如已是√选状态仍无法搜索到蓝牙,需修理。

(3)手簿蓝牙异常:

查看手簿蓝牙是否处于开启状态,如蓝牙功能无法正常打开,可交付售后服务进行修复处理。

2)搜索到蓝牙,但是提示连接失败

(1)没有输入PIN码进行配对：

搜索到相应主机蓝牙后点击连接，此时手簿会弹出"蓝牙配对请求"，输入"1234"或"0000"后点击"确认"即可连接上蓝牙。

(2)异常操作导致主机系统文件损坏，导致无法连接蓝牙：

请升级210825及以上版本固件，此版本及以上固件带有蓝牙文件损坏修复功能和自动备份系统功能。

(3)主机固件和工程之星不匹配：

①工程之星连接主机后，点击"关于"→"主机升级"→"检查主机固件更新"，检查主机固件是否为最新版本。

②如主机固件已是最新版本，工程之星连接主机后，点击"关于"→"云平台"→"检查更新"，检测工程之星是否为最新版本。

(4)主机自身输出问题或板卡输出引起的蓝牙问题：

如上述操作无效，主机固件和工程之星都为最新版本，还是显示空白的话。建议采取工程之星连接主机后，点击"关于"→"主机信息"查看主机是否有相关信息（特别查看OEM板固件版本信息是否显示为0，如为0则表示OEM板异常）。显示异常或没有显示信息，请对主机恢复出厂设置处理。

3)蓝牙连接距离短或显示数据断断续续

该问题主要是由环境信号干扰或主机/手簿蓝牙模块自身引起的。如出现蓝牙连接距离短，可能在附近有大功率与蓝牙相同频段的干扰，建议更换位置后再次查看蓝牙连接距离是否正常，建议检查200～500 m范围内。

2. Wi-Fi类问题

1)搜索不到Wi-Fi热点

(1)Wi-Fi模块自身异常：对主机进行自检，确认Wi-Fi模块是否自检成功。如自检失败，可交付售后服务进行修复处理。

(2)Wi-Fi被设置成Client(客户端)：工程之星连接主机后点击"配置"→"仪器设置"→"移动站设置"→"数据链"→"移动网络模式"。等待约30 s后再次通过手簿或电脑搜索Wi-Fi热点，查看是否能正确搜索到，如还是无法搜索到相应热点可以试着重新启动主机后再次搜索。

2)搜索到热点，访问网页异常

异常操作导致主机系统文件损坏：可以尝试恢复出厂设置进行修复。如恢复出厂设置无法修复，可以尝试升级210825及以上主机固件进行修复处理。

7.2.3 注册码问题

(1)主机输入过永久码，操作恢复出厂后提示注册码过期，主机固件异常。

首先确保手簿可以正常上网。然后升级主机固件至210825及以上版本。最后使用工程之星连接主机"关于"→"主机注册"→"在线获取注册码",进行注册码恢复注册。

(2)主机输入过永久码,但是使用过程中提示注册码异常。

①处于的位置在电子围栏范围外:需联系售后排查故障。

②主机串号发生变化:需联系售后排查故障。

(3)主机未注入过永久码,使用一段时间后提示注册码过期。

主机临时码时间已到期:输入永久码。

(4)主机注册码未过期但软件提示码过期。

软件注册码过期:输入软件注册码。

7.2.4 收星问题

(1)主机卫星灯不闪烁、可能是OEM板异常。

工程之星连接主机后,点击"关于"→"主机信息",查看OEM板版本是否显示正常(不正常显示为0)。如OEM板固件版本显示为0时,可以尝试升级主机固件210825及以上的三合一版本固件,进行修复处理。

(2)主机卫星灯不闪烁,不收星(收星为0的情况)。

星历文件异常引起的不收星:排除上述OEM板固件版本为0的情况后,还是无法收星,可以尝试工程之星连接主机后,点击"配置"→"仪器设置"→"高级设置"→"主机其他设置"→"清除卫星星历,并重启主机"操作,主机重启后等待不少于2分钟时间进行收星操作。

(3)主机卫星灯不闪烁,不收星(显示无效解,收星为0的情况)。

①OEM板固件异常引起的无效解:主机在开机状态下放置在室内不收星的地方超过10分钟后,若拿到户外手簿显示无效解和不收星,在户外空旷的环境下重启主机即可解决。如上述方案无效请与销售或售后服务联系,获取OEM最新板卡固件升级。

②环境因素,附近有较强的多路径干扰或GPS干扰器干扰:联系销售或售后服务技术支持,由技术人员处理。

(4)主机卫星灯不闪烁,但是显示无效解,收星为有跟踪或有可视卫星较少等显示有卫星的情况。这是由卫星截止角设置过高引起的,解决办法是工程之星连接主机后,点击"配置"→"工程设置"→"限制"→"卫星截止角",设置值为10°或者0°。

(5)收星灯闪烁,收星正常,显示无效解。

这是由OEM板固件异常引起的,解决办法是在户外空旷的环境下重启主机。如还是不行可与销售或售后服务联系,获取OEM最新板卡固件升级后。

(6)缺少卫星系统,导致搜寻少(显示中缺少GPS/GONLASS/BDS/GALILEO/QZSS其中的卫星)。

这是由卫星使能没有打开引起的。解决办法是工程之星连接主机后,点击"配置"→"仪器设置"→"高级设置"→"卫星使能",查看是否有卫星系统没有开启。

(7)卫星系统已全部打开(GPS\GLONALSS\BDS\GALILEO\QZSS),但是在空旷环境依然收星少。

产生原因是环境因素。

解决办法:

①如当前解状态正常,但是搜索较少,请更换空旷环境进行测试,查看收星数量是否恢复到正常水平。

②在空旷环境下搜索还是较少,可以尝试工程之星连接主机后,点击"配置"→"仪器设置"→"高级设置"→"主机其他设置"→"清除卫星星历,并重启主机"操作,主机重启后等待不超过2分钟时间进行收星操作。

③如以上操作还是无法进行收星,可交付售后服务进行修复处理。

7.2.5 移动站类问题

1. CORS 网络问题(移动站)

(1)无法连接工程之星可选择的服务器。

①SIM 卡欠费等因素:如是厂家提供的外置物联网卡,可以与售后技术支持联系。

②外置 SIM 或内置 SIM 卡自身异常:如主机使用内置 SIM 卡,可以与售后技术支持联系。

③主机卡槽异常读取不到 SIM 卡。

④网络参数设置异常:工程之星连接主机选择"配置"→"主机设置"→"移动站设置"→"数据链:接收机移动网络"→"CORS 连接设置"→"已设置的服务器参数"或"增加一个新的服务器参数"→检查地址(IP)是否为对应的域名,端口是否为 2010,账户和密码不能为空(如为空请输入账户:1234,密码:1234),接入点是否选择正确,模式为 NRTIP(移动站模式),APN 设置是否正确,SIM 卡选择是否正确。

(2)网络参数正确,SIM 卡正常,连接界面一直停留在登录服务器,页面提示"接入点错误",主机播报"基准站未上线"。

产生原因是基准站没有挂到对应的服务器上。

解决办法:

①检查基准站网络参数设置是否正确。

②检查基准站是否登录服务器成功。

③检查登录服务器成功后,基准站是否启动。

(3)网络参数正确,SIM 卡正常,连接界面一直停留在登录服务器,没有任何的提示。

产生原因是厂家提供的服务器异常。

解决办法:可以与售后技术支持联系。

(4)成功连接CORS网络之后手簿信号条显示为灰色,无差分数据。

产生原因是基准站没有启动。

解决办法:

①检查基准站网络参数设置是否正确。

②检查基准站是否登录服务器成功。

③检查登录服务器成功后,基准站是否启动。

(5)成功连接CORS网络之后接收到差分数据,有信号条显示,但是为单点解。

产生原因是基准站差分格式异常。

解决办法:

①检查基准站网络参数设置是否正确。

②检查基准站是否登录服务器成功。

③检查基准站差分格式是否设置正确,如基站发送的是RTD或RTCM23格式,K803作为移动站,可能无法解算。

(6)连接CORS网络之后接收到差分数据,有进度条显示,但是一直差分解或浮点解,无法固定解。

解决办法:

①基准站环境问题:检查基站架设位置是否有遮挡,应架设在空旷的环境下。

②移动站环境问题:移动站位置环境是否有恶劣遮挡,建议在空旷环境测试。

③移动站解析性能问题:如上述方式确认无误,可能是板卡自身解算性能问题,建议与售后技术支持联系,获取最新OEM板固件升级。

2. 智能连接网络问题(移动站)

(1)一直提示正在拨号,没有显示拨号成功。

①确认SIM卡是否正常,是否有欠费等因素。

②外置SIM或内置SIM卡自身异常。

③主机卡槽异常读取不到SIM卡。

(2)一直提示拨号成功,没有显示登录成功。

①厂家提供的服务器异常:反馈给售后技术支持。

②接入点选择不正确:工程之星连接主机选择"配置"→"主机设置"→"移动站设置"→"数据链:接收机移动网络"→"智能连接设置"→"获取接入点"→选择对应的接入点。

(3)获取不到对应的接入点。

①基站设置智能连接不正确(基准站智能参数设置不正确)。

②基站坐标与移动站坐标距离过长:基准站实际发送坐标与移动站接收距离过长,超过 90 km后,WISELINK 将不会显示附近的基站。

(4)登录成功后,手簿信号条显示为灰色。

这是因为基准站没有启动,应检查基准站是否启动

(5)登录成功后,有差分数据,有信号条显示,但是为单点解。

①基准站环境问题:检查基准站架设位置是否有遮挡,应架设在空旷的环境下。

②移动站环境问题:移动站位置环境是否有恶劣遮挡,建议在空旷环境下测试。

③移动站解析性能问题:如上述方式确认无误,可能是板卡自身解算性能问题,建议与售后技术支持联系,获取最新 OEM 板固件升级。

(6)登录成功后,有进度条显示,但是一直是差分解或浮点解,无法固定解。

①基准站环境问题:检查基准站架设位置是否有遮挡,应架设在空旷的环境下。

②移动站环境问题:移动站位置环境是否有恶劣遮挡,建议在空旷环境下测试。

③移动站解析性能问题:如上述方式确认无误,可能是板卡自身解算性能问题,建议与售后技术支持联系,获取最新 OEM 板固件升级。

3. 高精度位置服务器

(1)高精度账号已过期,可以与售后技术联系。

(2)高精度账号已被登录。一般是账号已经在其他设备上登录了,可以检查一下是否其他主机已经使用了该账号,如果确认非本人操作,则可能账号已经泄密,可联系账号销售人员进行密码修改。

(3)高精度账号未过期一直处于拨号成功状态,无其他显示高精度位置服务器异常,可以与售后技术联系。

(4)高精度账号未过期一直处于拨号成功状态后,显示不在服务区域。

高精度位置服务该区域没有覆盖:联系技术人员查看该位置基站是否已经覆盖或者登录网址"https://pnt.10086.cn",查询当地中移信号覆盖情况。

(5)登录成功,有信号条,一直处于单点解状态,可以与售后技术联系。

(6)登录成功,有信号条,一直处于差分解或浮点解,无法达到固定解或难固定,复杂环境解算能力不佳:可以先尝试在空旷环境下测试主机是否能达到固定解,可排除由环境复杂因素引起的无法固定。若为由复杂环境引起的不能固定,可以尝试升级最新的 OEM 板固件,获得更佳的解算性能体验。

4.手簿网络连接失败

产生原因:

①确认 SIM 卡是否正常,是否有欠费等因素。

②手簿卡槽异常读取不到 SIM 卡。

③手簿 SIM 卡异常。

解决办法:

①如是厂家提供的 SIM 卡,可以联系技术人员协助或自助查询是否出现欠费的情况。

②检查手簿顶部的信号图标是否有小 4G 的图标显示,如显示为"4G$_\times$"说明数据网络没有打开,如点击后仍是"4G$_\times$"说明 SIM 卡欠费 。

③网络参数设置异常:工程之星连接主机选择"配置"→"主机设置"→"移动站设置"→"数据链:手簿络"→"CORS 连接设置"→选择已设置的服务器参数或增加一个新的服务器参数→检查地址(IP)是否为对应的域名,端口是否为 2010,账户和密码不能为空(如为空请输入账户:1234,密码:1234),检查接入点是否选择正确,模式为 NRTIP(移动站模式),检查 APN 设置是否正确,SIM 卡选择是否正确。

5.内置电台

(1)主机数据灯不闪,接收不到电台信号,工程之星信号条显示为灰色。

产生原因:

①基准站和移动站电台空中波特率设置不一致。

②基准站和移动站电台通道设置不一致。

③基准站和移动站电台协议设置不一致。

④基准站和移动站电台频率设置不一致。

解决办法:工程之星连接主机选择"配置"→"主机设置"→"移动站设置"→"数据链:内置电台"→"数据链设置"。

a.通道设置:基准站和移动站是否一致。

b.频率:基准站和移动站是否一致。

c.空中波特率:基准站和移动站是否一致。

d.协议:基准站和移动站是否一致。

e.基准站智能锁定是否开启,如开启请确认基站 ID 是否与基准站一致,建议一般情况下关闭该功能。

⑤超出了基准站电台发射的距离范围。

解决办法:确认移动站与基准站距离是否超过了 8 km,在 6 km 左右范围作业效果最佳,如在此范围内,接收机电台主机数据灯依然不闪,工程之星信号条显示为灰色。可能是电台模块自身引起的,建议与售后技术联系。

(2)主机数据灯闪,工程之星信号条显示有数据,但是解状态依然为单点解。

产生原因:

①基准站差分格式异常。检查基准站差分格式是否设置正确,如基准站发送的是RTD或RTCM23格式,K803作为移动站时候,可能无法解算。

②数据传输过程中信号干扰引起的数据不完整。当前通道和频率在传输过程中有信号干扰,导致差分数据不完整,移动站板卡无法解析,更换通道和频率。

(3)主机数据灯闪,工程之星信号条显示有数据,但是解状态为差分解、浮点解、固定解。

产生原因:复杂环境解算能力不佳。

解决办法:

①检查移动站位置环境是否有恶劣遮挡,建议在空旷环境下测试。

②如空旷环境解算依然是差分解或浮点解,无法固定解,建议联系售后技术升级最新OEM板固件,获得体验。

(4)主机数据灯闪,工程之星信号条显示有数据,但是差分延迟超过4 s以上,时而断断续续。

产生原因:传输过程中出现干扰,导致数据丢失,建议更换通道和更换频率。

7.2.6 基准站类问题

1.CORS 网络问题(基准站)

(1)无法连接工程之星可选择的服务器。

产生原因及解决办法:

①确认SIM卡是否正常,是否有欠费等问题。如厂家提供的外置物联网卡,可以与售后技术联系。

②外置SIM或内置SIM卡自身异常问题。

③主机卡槽异常读取不到SIM卡(如主机使用内置SIM卡,可与售后技术联系)。

④网络设置参数不正确:工程之星连接主机选择"配置"→"主机设置"→"基准站设置"→"数据链:接收机移动网络"→"CORS连接设置"→选择已设置的服务器参数或增加一个新的服务器参数。检查地址(IP)是否为对应的域名,端口是否为2010,账户和密码不能为空(如为空请输入账户:1234,密码:1234)接入点输入挂载点名称,模式:EAGLE(网络/电台1+1模式),APN设置是否正确,SIM卡选择是否正确。

(2)基准站没有启动。

①主机基准站没有启动:工程之星连接主机选择"配置"→"主机设置"→"基准站设置"确认

下面的启动按钮是否为启动状态。

②基准站坐标输入的不正确:工程之星连接主机,"配置"→"仪器设置"→"基站设置"→"基站启动坐标"→"基站启动模式:自动单点启动"→"外部获取"→"获取定位",坐标进行实时更新后点击"确认",然后启动基站。

③基准站坐标与实际是否偏差太大(>50 m):如上述方式无法启动基站,检查基站坐标与实际是否偏差太大(>50 m)导致无法正常启动基准站。可以使用获取定位坐标后再次启动。

④基准站启动成功,网络参数设置正确,网络拨号一直停留在登录服务的界面:厂家服务器网络异常引起,联系售后技术支持。

2. 智能连接网络问题(移动站)

(1)一直提示正在拨号,没有显示拨号成功。

产生原因:

①确认 SIM 卡是否正常,是否有欠费等问题。

②外置 SIM 或内置 SIM 卡自身异常。

③主机卡槽异常读取不到 SIM 卡。

解决办法:

①如厂家提供的外置物联网卡,联系售后服务技术。

②如主机使用内置 SIM 卡,联系售后服务技术。

(2)一直提示拨号成功,没有显示登录成功。

产生原因:

①厂家提供的服务器异常。

②接入点选择不正确:工程之星连接主机选择"配置"→"主机设置"→"移动站设置"→"数据链:接收机移动网络"→"智能连接设置"→"获取接入点:"→选择对应的接入点。后确认即可。

3. 基准站内置电台模式

基准站启动成功,主机数据灯不闪。可能是电台模块异常引起的,联系售后服务技术支持。

4. 基准站外置电台模式

基准站启动成功,但是外置电台不发射。

产生原因:外置电台波特率不对。

解决办法:

①如使用厂家提供的外置电台,出现外置电台不发射,重启电台即可。

②如使用第三方厂家电台,咨询第三方厂家,将外置电台波特率改为 19200 即可。

7.3 GNSS 接收机的检校方法

观测中所选用的 GNSS 接收机,必须对其性能与可靠性进行检验,合格后方可参加作业。对新购和经修理后的接收机,应按规定进行全面检验。

7.3.1 术语

(1)观测时段(observation session):测站开始接收卫星信号到停止接收,连续观测的时间间隔称为观测时段,简称时段。

(2)精度几何因子(geometry dilution of precision(GDOP)):因用户和所选星座间的几何关系引起定位误差的放大因子。GDOP 值越小,定位精度越高。

(3)超短基线(mini-baseline):标准值在 0.2~24 m 范围内的标准长度。

(4)实时动态测量(real-time kinematic survey)。

(5)天线相位中心(antenna phase center):微波天线的电气中心。其理论设计应与天线几何中心一致。天线相位中心与几何中心之差称为天线相位中心偏差。

7.3.2 全球导航卫星系统(GNSS)接收机的性能要求

1. 外观及各部件的相互作用

(1)天线、基座水准器应符合要求,光学对中器在 1.5 m 高处对中误差应小于 1 mm。

(2)锁定卫星能力不大于 15 min,RTK 初始化时间不大于 3 min。

(3)各种配件应齐全。

2. 数据后处理软件及功能

(1)软件应能正常安装、使用。

(2)数据后处理软件的功能:

①通信与数据传输;

②预报与观测计划;

③静态定位与基线向量的解算;

④网平差与坐标转换;

⑤RTK 解算。

3. 测地型 GNSS 接收机天线相位中心一致性

天线在不同方位下测定同一基线的变化值 Δd 应小于 GNSS 接收机标称的固定误差。

4. 测地型 GNSS 接收机的测量误差

1) 短基线测量

短基线测量的测量误差应小于 GNSS 接收机的标称标准差。

GPS 接收机标称标准差为 $(a+b\times D)$，则 GNSS 接收机测量结果标准差 σ 的计算公式为

$$\sigma=\sqrt{a^2+(b\times D)^2}$$

式中：σ——标准差，mm；

　　　a——固定标准差，mm；

　　　b——比例标准差；

　　　D——所测距离，km（不足 500 m 按 500 m 计算）。

2) 中、长基线测量

(1) 基线比对测试。

中、长距离测量的误差 Δd 应符合下列要求：

观测距离 $D\leqslant 5$ km 时，$\Delta d_1 \leqslant \sigma$

观测距离 $D>5$ km 时，$\Delta d_2 \leqslant 2\sigma$

式中：Δd_1，Δd_2——基线向量与已知长度值之差，mm；

　　　σ——GPS 接收机标准差，mm。

(2) RTK 坐标比对测试。

RTK 与 RTD 坐标比对测量误差 Δd_x、$\Delta d_y \leqslant 2\sigma$。

Δd_x，Δd_y 为解算出的坐标与已知坐标之差，mm。

5. 检校条件

1) 环境条件

① GPS 接收机校准场应选择在地质构造坚固稳定，利于长期保存，交通方便，便于使用的地方建设。

② 各点位应埋设强制归心的观测墩，周围无强电磁信号干扰，点位环视高度角 15°以上范围应无障碍物。

③ 校准场点位布设应含有超短距离、短距离和中长距离，组成网形以便进行闭合差检验。

2) 校准场标准长度的分类（表 7-2）

表 7-2　校准场标准长度的分类

基线长度分类	长度范围（D）
超短基线	200 mm $\leqslant D <$ 24 m
短基线	24 m $\leqslant D <$ 2000 m
中、长基线	2000 m $< D \leqslant$ 30 000 m

3)校准场各种基线的组成数量

①超短基线可由 4 个以上观测墩组成,观测墩面在同一高程平面上。

②短基线的长度可在 2000 m 内任意选取,但不得少于 6 段距离。

③中、长基线分为 10 km、15 km、20 km、25 km、30 km 等长度,可与超短基线、短基线的点相关联组成网,所组成的各种长度不少于 2 段。

④动态校准用小网。

在能满足 GNSS 仪器观测条件的任意场地上,建立 10~15 个地面点(无须强制对中点),点位之间的距离在几十米至数百米之间,用高准确度全站仪进行距离和坐标的确定。标准(偏)差按上述指标控制。

6. 校准场各种距离的标准(偏)差

(1)超短基线标准(偏)差不得大于 1 mm。

(2)短基线和中、长基线标准(偏)差$(a+b×D)$应满足表 7-3 的要求。

表 7-3 短基线和中、长基线标准(偏)差

基线分类	固定误差 a/mm	比例误差系数 b
短基线	≤1	≤1
中、长基线	≤3	≤0.01

7.3.3 检校项目和方法

1. 检测项目

检测项目见表 7-4。

表 7-4 检测项目

序号	校准项目
1	外观及各部件相互作用
2	数据后处理软件及功能
3	测地型 GPS 接收机天线相位中心一致性
4	测地型 GPS 接收机的测量误差
5	导航型 GPS 接收机的定位误差

2. 检测方法

在使用 GNSS 仪器进行测量时,应按仪器操作要求和 GNSS 测量规范的要求进行工作。一般情况下将仪器的采样率设置为 15″,高度角设置为 15°。

当开机工作后,应记录开机时间,观察仪器的显示,检视仪器的工作状况。正常锁住卫星的时间不大于 15 min。RTK 的初始化时间不大于 3 min。

1)外观及各部件的相互作用

目测及试验。

2)数据后处理软件的功能

目测及实例计算。

3)测地型 GNSS 接收机天线相位中心一致性(天线任意指向)

用相对定位法检定天线相位中心一致性时,在超短基线或短基线上先将 GNSS 接收机、天线按要求正确安置,按统一约定的方向指向北,观测一个时段。然后固定一个天线,其余天线依次转动 90°、180°、270°,各观测一个时段。分别求出各时段基线向量,最大值与最小值之差应小于 GNSS 接收机的标称固定标准差。

4)测地型 GNSS 接收机的测量误差

在 GNSS 校准场上进行,分短基线测量和中、长基线测量。

(1) 短基线测量。

在 GNSS 检定场的短基线上进行。按 GNSS 仪器的正确操作方法工作,调整基座使 GNSS 接收机天线严格整平居中,天线按约定统一指向正北方向,天线高量取至 1 mm。每台 GNSS 接收机必须保证同步观测时间在 1 h 以上,两台的测试结果不得少于 3 条边长,经随机软件解算出的基线与已知基线值比较,其差值应小于 GNSS 接收机的标称标准差。

(2) 中、长距离测量。

①已知长度比较测量。

在已知中、长距离的条件下,按静态测量模式进行观测,最短观测时间见表 7-5。

表 7-5 中、长距离静态测量模式最短观测时间

基线长度	最短观测时间/h
$D \leqslant 5$ km	1.5
5 km$<D \leqslant$15 km	2.0
5 km$<D \leqslant$15 km	2.5
$D>30$ km	4.0

观测数据用随机处理软件进行解算,所解得的基线向量与已知基线值之差为校准结果。

②已知坐标比较测量。

GNSS 接收机安放在标准检定场的已知坐标点上,按测量规范规定进行观测。所解算出的坐标与已知坐标之差为校准结果。

(5)导航型 GNSS 接收机的定位误差。

在 GNSS 校准场上进行。按仪器操作要求正确安置和操作仪器,记录测量数据,经解算

GNSS 接收机所得点位坐标与标准点的坐标在同一坐标系下用直角坐标进行比较,定位误差 δ 的计算公式为

$$\delta = \sqrt{(x_i - x_0)^2 + (y_i - y_0)^2}$$

式中:δ——定位误差,m;

x_i——测试数据 x 轴方向分量;

y_i——测试数据 y 轴方向分量;

x_0——标准点 x 轴方向分量;

y_0——标准点 y 轴方向分量。

3. 检测结果处理

根据经校准的 GNSS 接收机,填写校准证书(表 7-6)并给出校准结果及测量不确定度的值。

表 7-6 校准证书

序号	主要校准项目	校准结果
1	外观及各部件相互作用	
2	数据后处理软件及功能	
3	测地型 GPS 接收机天线相位中心一致性	
4	测地型 GPS 接收机的测量误差	
5	导航型 GPS 接收机的定位误差	

4. 检测周期

复校时间间隔由送校单位根据实际使用情况确定,建议为 1 年。

7.3.4 仪器维护

GNSS 接收机是贵重的精密电子仪器,对于它的运输、使用、存放,用户均需制订严格的维护办法。

(1) GNSS 接收机等仪器应指定专人保管,不论采用何种运输方式,均应有专人押运,并应采取防震措施,不得碰撞、倒置或重压。

(2) 作业期间,应严格遵守技术规定和操作要求,未经允许非作业人员不得擅自操作仪器。

(3) 接收机仪器应注意防震、防潮、防晒、防尘、防蚀、防辐射。电缆线不应扭折,不应在地面拖拉、辗砸,其接头和连接器应保持清洁。

(4) 作业结束后,应及时擦净接收机上的水汽和尘埃,及时存放在仪器箱内。仪器箱应置于通风、干燥阴凉处,箱内干燥剂呈粉红色时应及时更换。

（5）仪器交接时应按规定的一般检验的项目进行检查，并填写交接情况记录。

（6）接收机在使用外接电源前，应检查电源电压是否正常，电池正负极切勿接反。

（7）当天线在楼顶、高标及其他设施的顶端作业时，应采用加固措施，雷雨天气时应有避雷设施或停止观测。

（8）接收机在室内存放期间，室内应定期通风，每隔1~2个月应通电检验一次，接收机内电池要保持满电状态，外接电池应按其要求按时充放电。

（9）严禁拆卸接收机各部件，天线电缆不得擅自切割改装、改换型号或接长。如发生故障，应认真记录并报告有关部门，请专业人员维修。

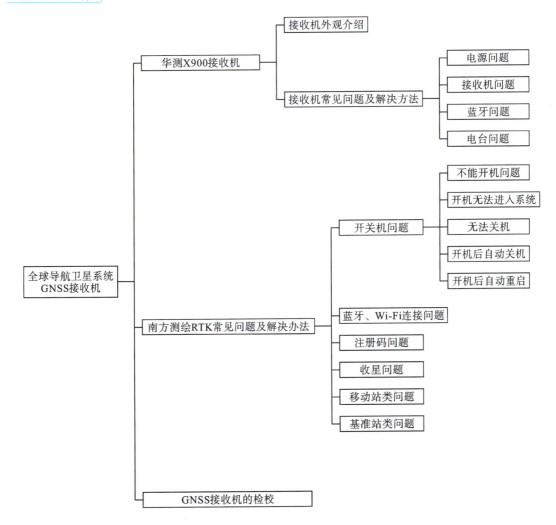

练习题

(1) 华测 X900 接收机的常见问题有哪些？

(2) 华测 X900 接收机跟踪的卫星太少的原因是什么？怎么解决？

(3) 南方测绘 RTK 不能开机的原因有哪些？

(4) 南方测绘 RTK 无法关机的原因有哪些？

(5) 南方测绘 RTK 基准站无法连接工程之星可选择的服务器的原因是什么？

(6) GNSS 接收机的检测项目有哪些？

(7) GNSS 接收机的维护有哪些？

(8) 全球导航卫星系统 (GNSS) 接收机的性能要求有哪些？

参考文献

[1] 高绍伟.测量仪器与检修[M].北京:煤炭工业出版社,2008.

[2] 柏雯娟,林元茂.测量仪器检校与维修[M].重庆:重庆大学出版社,2016.

[3] 刘宗波.测绘仪器检测与维修[M].武汉:武汉大学出版社,2013.

[4] 吴大江,刘宗波.测绘仪器使用与检测[M].郑州:黄河水利出版社,2012.

[5] 杨俊志.全站仪的原理及其检定[M].北京:测绘出版社,2004.

[6] 周丙申,蒋芷华,孙鹤群.光电大地测量仪器学[M].徐州:中国矿业大学出版社1993.

[7] 杨俊志,李恩宝,温殿忠.数字水准测量[M].北京:测绘出版社,2009.

[8] 周建郑.GNSS 定位测量[M].北京:测绘出版社,2019.

[9] 何保喜.全站仪测量技术[M].郑州:黄河水利出版社,2010.

[10] 邱国屏.铁路测量[M].北京:中国铁道出版社,1995.

[11] 叶晓明,凌模.全站仪原理误差[M].武汉:武汉大学出版社,2004.